航天科技图书出版基金资助出版

空间被动式盘绕展开机构技术及其应用

孙　亮　黄　海　赵旭瑞　赵国伟　刘　宇　著

中国宇航出版社
·北京·

图书在版编目（CIP）数据

空间被动式盘绕展开机构技术及其应用 / 孙亮等著.
北京 : 中国宇航出版社, 2025. 2. -- ISBN 978-7-5159-2512-7

Ⅰ. V47

中国国家版本馆 CIP 数据核字第 20256LZ655 号

责任编辑　王杰琼　　**封面设计**　王晓武

出　版
发　行　中国宇航出版社

社　址　北京市阜成路 8 号　**邮　编**　100830
(010)68768548

网　址　www.caphbook.com

经　销　新华书店

发行部　(010)68767386　(010)68371900
(010)68767382　(010)88100613（传真）

零售店　读者服务部　(010)68371105

承　印　北京厚诚则铭印刷科技有限公司

版　次　2025 年 2 月第 1 版
2025 年 2 月第 1 次印刷

规　格　787×1092

开　本　1/16

印　张　9.25　**彩　插**　8 面

字　数　237 千字

书　号　ISBN 978-7-5159-2512-7

定　价　78.00 元

航天科技图书出版基金简介

航天科技图书出版基金是由中国航天科技集团公司于2007年设立的，旨在鼓励航天科技人员著书立说，不断积累和传承航天科技知识，为航天事业提供知识储备和技术支持，繁荣航天科技图书出版工作，促进航天事业又好又快地发展。基金资助项目由航天科技图书出版基金评审委员会审定，由中国宇航出版社出版。

申请出版基金资助的项目包括航天基础理论著作，航天工程技术著作，航天科技工具书，航天型号管理经验与管理思想集萃，世界航天各学科前沿技术发展译著以及有代表性的科研生产、经营管理译著，向社会公众普及航天知识、宣传航天文化的优秀读物等。出版基金每年评审2次，资助30～40项。

欢迎广大作者积极申请航天科技图书出版基金。可以登录中国航天科技国际交流中心网站，点击“通知公告”专栏查询详情并下载基金申请表；也可以通过电话、信函索取申报指南和基金申请表。

网址：http://www.ccastic.spacechina.com

电话：(010) 68767205，88530006

前　言

空间被动式盘绕展开机构因其具有构型简单可靠、质量轻、展收比高、展开长度大等特点，极其适配微小卫星平台，可实现末端探测载荷远距离定位和支撑、末端光学载荷高精度测量和指向，在科学探测、天文观测、光学遥感、深空通信、行星勘测等领域具有广泛的应用前景。发展空间被动式盘绕展开机构技术已成为拓展空间应用的重要选项。

然而，展开机构几何非线性显著，末端展开精度受限，导致机构平稳展开和末端精稳指向异常困难，甚至影响卫星平台稳定。空间被动式盘绕展开机构及其关键技术面临“展开规律不清”“末端难测难控”和“机构建模复杂”三大难题。

本书以空间被动式盘绕展开机构为研究对象，采用“绪论—关键技术—在轨验证与应用”递进式逻辑结构开展论述。本书的特色在于独创性理论和科技成果已成功应用于在轨型号任务，并完成了在轨验证，其科技成果可推广于通导遥可展开微波和光学载荷研制等领域。本书可为高等院校本科生和研究生提供专业参考，亦可供科研院所和工业部门的专业人士阅读。

本书共分为 6 章，第 1 章为绪论——应用与发展现状；第 2 章为空间被动式盘绕展开机构低扰动可控展开技术；第 3 章为空间被动式盘绕展开机构运动学和动力学建模与仿真技术；第 4 章为空间被动式盘绕展开机构集成设计与试验技术；第 5 章为展开机构末端光学载荷展-测-控一体化高精度指向技术；第 6 章为空间被动式盘绕展开机构在轨验证与应用。

本书由孙亮、黄海、赵旭瑞、赵国伟和刘宇共同撰写。孙亮撰写第 1 章和第 5 章，赵国伟撰写第 2 章，刘宇撰写第 3 章，赵旭瑞撰写第 4 章，黄海撰写第 6 章。

本书的撰写工作得到了北京航空航天大学教务部的资助。同时，教研室的研究生侯宝珅、赵炜佳、刘家豪也为资料整理做出了重要贡献，在此一并表示诚挚的谢意。

由于作者水平、专业领域和所从事的工作范围等条件所限，本书难免会存在一些疏漏和不足之处，恳请广大读者和专家批评指正。

目　录

第 1 章　绪论——应用与发展现状

1.1　空间可展开机构

在航天领域，机构是指航天器及其部件或附件完成规定动作或运动的机械组件。由于空间可展开机构具有压缩效率较高、展开过程简单的特点，又可以实现空间的精确定位，而且无需空间装配，因此在近年来获得了飞速的发展，并产生了构型多样且新颖的机构类型。空间可展开机构按展开方向可分为以下三类。

(a) 线性展开机构

线性展开机构呈一维线性伸展，展开后形成细长管、杆或桁架，此类机构是目前应用最广泛的一类展开机构，主要用于实现空间折叠展开运动功能，展开后提供结构支撑。具体可用于杆状天线、重力梯度杆、半刚性或柔性折叠式太阳能电池阵、空间平台、探测臂等大型空间可展开机构。

(b) 面展开机构

面展开机构包括平面展开机构和曲面展开机构，此类机构是目前国际上的研究热点之一，主要用于空间反射器及大面积天线，典型应用为网状构架式天线展开机构。

(c) 体展开机构

体展开机构展开后形成三维几何体。目前这种展开机构的实际应用较少，充气式展开机构是最具代表性的体展开机构。

上述的一维线性展开机构又称为空间伸展臂，其研究最早、最深入、最系统，技术最成熟，应用最广泛。空间伸展臂主要作为支承受力体系的结构性元件，同时作为机构系统实现空间展开折叠运动功能。

不同类型的空间伸展臂具有不同的结构特点和应用领域，其结构、展开机理、驱动力和材料是伸展臂的基本要素。综合评价、探索和创新体系仍是其研究的重要方向，展开动力学仿真模拟、非线性结构分析、动力学分析是其理论研究重点。

空间伸展臂可按不同标准概括分类。按结构类型可分为单一杆/管构件和构架系；按展开机理分为缠绕、盘绕、伸缩、充气和记忆形态；按驱动力分为能量铰、弹性能和直流电机；按截面分为圆形、透镜形、三角形和四边形；按主要材料分为轻合金、复合材料、柔性薄膜和记忆合金。

(1) 薄壁管状伸展臂

薄壁管状伸展臂（Thin - walled Tubular Booms）是最早的空间伸展机构之一，利用薄壁壳的弹性变形实现收拢和展开。薄壁管状伸展臂所使用的材料要求韧性好、导热系数高和热膨胀系数小，常采用铜-铍合金、钼、钨和碳纤维增强树脂（Carbon Fiber Reinforced Polymer，CFRP）等材料。温度梯度的剧变常引起管弯曲、扭转和振动，因此常采用高反射涂层以降低受热面温度，或采用穿孔方式透射阳光以减小温度梯度。

薄壁管状伸展臂主要通过弹性变形、弹性恢复和电机卷绕实现伸展收缩，基本运动为转动和伸展。该伸展臂构造简单、可靠性高且收拢体积小，可重复伸展和收拢，已成功应用于单极天线、双极天线和重力梯度杆等。但其根部的翘曲限制了结构强度，导致热稳定性较差，弯曲和扭转刚度较低，难以实现精确定位。

薄壁管状伸展臂主要有 STEM、Bi-STEM、CTM、STACER 等几种类型，如图 1-1 所示。

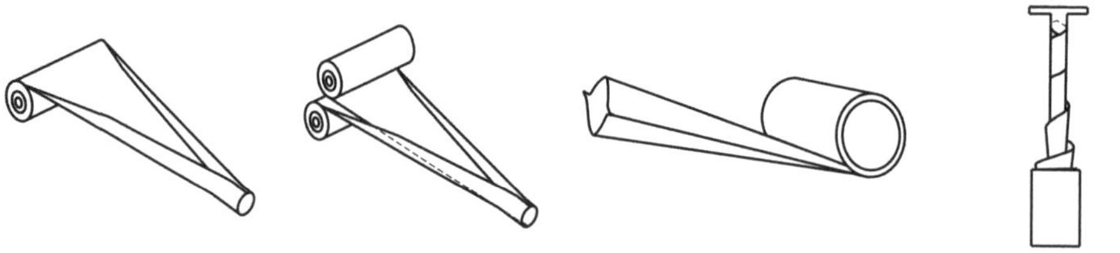

(a) STEM　(b) Bi-STEM　(c) CTM　(d) STACER

图 1-1　薄壁管状伸展臂类型

（2）套筒式伸展臂

套筒式伸展臂由一系列同心薄壁圆形管相互嵌套构成。伸展长度受管壁厚和重叠长度等因素影响，多采用壁厚为 0.5 mm 的铝合金和 CFRP，常见截面为圆形。套筒式伸展臂可通过驱动螺杆顺序展开，如图 1-2（a）所示，也可通过组合绳索滑轮技术实现同步展开，如图 1-2（b）所示。

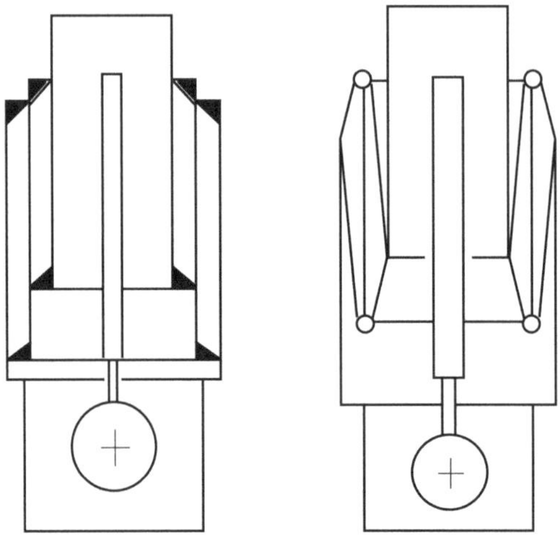

(a)　(b)

图 1-2　套筒式伸展臂展开类型

套筒式伸展臂主要由三部分组成，即丝杠驱动装置、管状杆驱动装置和锁紧装置。其工作原理为核心套筒首先伸展，随后由内向外逐渐伸展，直至完全伸展，进而内、外相邻套筒锁紧，最终形成一个完全展开的套筒式伸展臂。在套筒式伸展臂完全展开后，套筒间锁紧是关键环节之一。

在应用场景上，套筒式伸展臂可作为支撑杆或推杆，用于天线和太阳能电池阵展开；同时还可作为重力梯度杆、探测臂等。套筒式伸展臂的可靠性高、强度和刚度好，但加工精度很难保证，收拢之后的体积仍然很大。

Dornier公司结合绳索和滑轮技术，研制出由CFRP构成的套筒式伸展臂。该伸展臂由18个直径为0.5 m的套筒组成，收拢高度为3 m，展开后长度可达40 m。美国AEC-ABLE公司针对ORU Transfer Device（OTD）项目成功研制了一种套筒式伸展臂，其结构示意图如图1-3所示。相邻两个套筒的直径相差12.7 mm，长度相差50.8 mm。OTD的收纳长度为1 117.6 mm，直径为152.4 mm，展开后长度为5 486.4 mm，由6根直径从88.9 mm到152.4 mm变化的铝合金管构成，可多次收拢展开。该伸展臂于1997年11月19日由哥伦比亚号航天飞机运送至国际空间站（International Space Station，ISS），并完成了在轨验证，如图1-4所示。之后，于1999年5月19日由亚特兰蒂斯号航天飞机运送，并永久安装在国际空间站上。

图1-3　AEC-ABLE公司研制的套筒式伸展臂结构示意图

（3）铰接桁架式伸展臂

铰接桁架式伸展臂（Articulated Trusses）广泛应用于航天领域，具有刚度高、抗振性好、精度高等优点。它的收拢状态由支杆通过旋转铰链折叠压紧而成，展开过程通常由电机带动丝杠引导杆件逐段实现，也存在同步展开的铰接杆。在展开过程中，伸展臂保持直线状，且有较高的强度和刚度，便于运动控制、精确定位和连接其他结构。对于铰接桁架式伸展臂，展开过程中保持固定的外接圆直径十分重要，很多可展机构因外接圆半径不固定而难以应用，如可变几何桁架（Variable Geometry Truss）等。

图 1-4　OTD在轨验证

（a）可折叠铰接四边形桁架伸展臂

可折叠铰接四边形桁架伸展臂（Folding Articulated Square Truss Mast，FASTM）由美国 AEC-ABLE 公司研制。该伸展臂沿纵杆处的每个节点均布置转动铰，转轴为四边形的四条边，每个侧面有两个对角斜拉索，如图 1-5（a）所示。其中，拉索由 4 根弓形杆预张紧。在节点垂直转轴方向由折叠机构施加力，迫使弓形杆屈曲变形，伸展臂逐渐折叠，如图 1-5（b）所示。在收拢折叠过程中，弓形杆发生弯曲，一个方向的斜拉索松弛，同时另一个方向的斜拉索张紧。在弓形杆中存储的弹性应变能可使伸展臂每一节隔段展开，过渡段为非稳定桁架体系，完全展开后则变为稳定的桁架体系，具有足够的刚度，如图 1-5（c）所示。

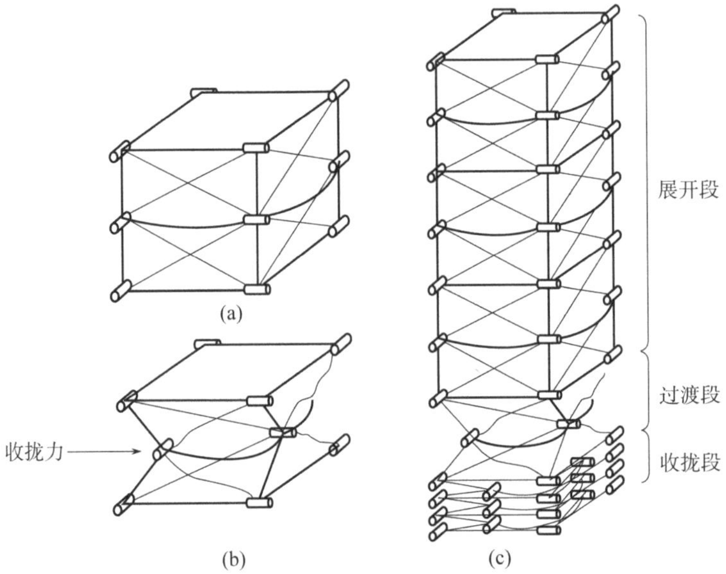

图 1-5　可折叠铰接四边形桁架伸展臂原理示意图

FASTM 已成功应用于航天器，如国际空间站等，其太阳能电池阵的支撑结构为 8 个 FASTM，如图 1－6 所示，外接圆直径为 1.09 m，展开长度为 34.75 m，收纳筒高度为 2.3 m。

图 1－6　用于国际空间站的 FASTM

(b) 可展开铰接桁架伸展臂

为满足伸展臂大尺度和高刚度的要求，AEC－ABLE 公司研制了一种可展开铰接桁架伸展臂（Able Deployable Articulated Mast，ADAM）。ADAM 具有高刚度、高精度、高展开可靠性和高结构稳定性等优点。与 FASTM 相比，该伸展臂无弓形杆，仅在每单元侧面上有一对交叉斜拉索，如图 1－7 所示。伸展臂纵杆元件的端点处安装有球铰，在展开过程中横向四边形桁架可以绕其转 90°。对角斜拉索中点的锁定装置可控制伸展臂展开到位，并增强节间强度和刚度。整体上，锁定装置、展开驱动和球铰是该伸展臂的设计关键。

图 1－7　ADAM 顺序展开

SRTM（Shuttle Radar Topography Mission）项目则采用了 60 m 长 ADAM 用于地形勘测，其外接圆直径为 1.12 m，由 87 节组成，收拢高度为 1.42 m，收纳筒高度为 2.92 m，如图 1－8 所示。

图 1－8　SRTM 示意图

调研发现，ADAM 已多次成功应用在航天器上，具体使用如表 1－1 所示。

表 1－1　可展开铰接式桁架伸展臂的应用实例

项目名称	用户	应用
IPEX Ⅱ	喷气推进实验室(JPL)	纳米级稳定性飞行验证
SRTM	JPL	合成孔径雷达(SAR)展开
WSOA	JPL	可展开合成孔径雷达;固定基线干涉仪
AstroPhysics Programs	多个用户	设备展开,探测器展开

（c）可折叠铰接三角形桁架伸展臂

相比 FASTM 和 ADAM，可折叠铰接三角形桁架伸展臂具有强度和刚度高、结构简单、质量轻、收拢比小、可靠性高、重复精度高等诸多优点。该类型伸展臂被广泛应用在空间平台、空间站太阳能电池阵支撑结构和展开结构、大型天线、空间探测机构中。其结构组成如图 1－9 所示。

（4）盘绕伸展臂

盘绕伸展臂是由美国 AEC－ABLE 公司首先开发的一种轻便一维空间可展开机构，因其展开和收拢方式而得名，如图 1－10 所示。盘绕伸展臂具有内储应变能，利于提高展开可靠性。此类伸展臂具备展收比大、比质量小、磁性低、热稳定性好和可重复展开等优点。盘绕伸展臂在航天器上已成功应用，主要包括太阳能电池阵展开机构、磁强计展开机构、重力梯度杆、天线展开机构以及其他科学探测仪器展开机构。

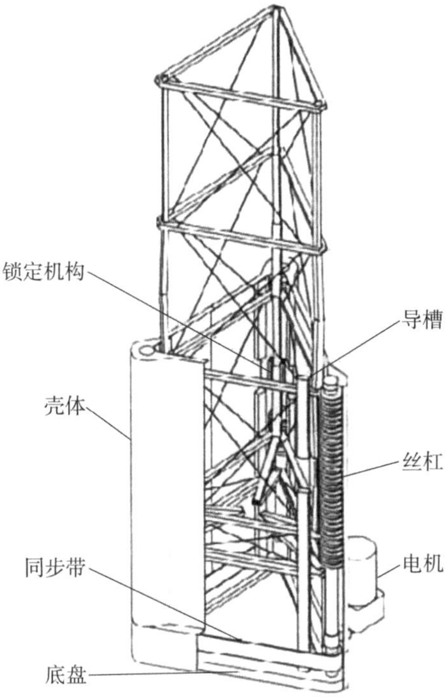

图1-9　可折叠铰接三角形桁架伸展臂结构组成

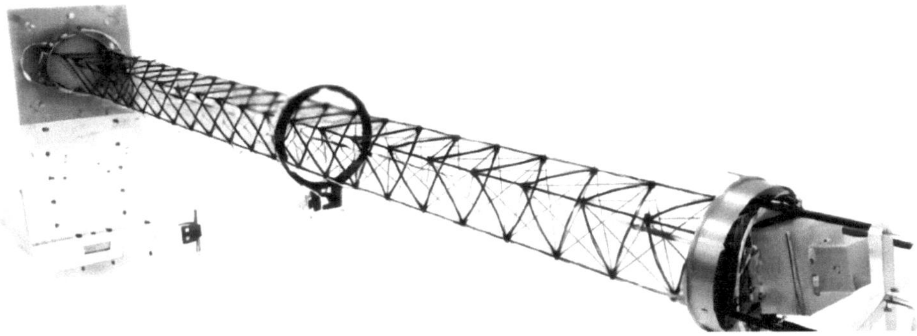

图1-10　AEC-ABLE公司研制的盘绕伸展臂

1.2　空间盘绕展开机构

1.2.1　展开机构组成

空间盘绕伸展臂通常由3根连续纵杆、横架和对角加劲索等部组件构成，如图1-11所示。3根连续纵杆的长度与伸展臂展开长度相同，具有良好的弹性。收拢时纵杆受弯呈螺旋状盘紧，展开后3根连续纵杆为伸展臂提供轴向的弯曲刚度和强度。横架垂直于纵杆，展开后为伸展臂提供侧向支撑，以提高其结构稳定性。对角加劲索为桁架侧面节间绳索，承受预紧力。展开后对角加劲索为伸展臂提供轴向扭转的支持。空间盘绕伸展臂在展开过程中通常会形成三段，即展开段、过渡段和收拢段。横杆、纵杆通常由 S2 环氧树脂或记忆合金等弹性变形较大的材料制作。

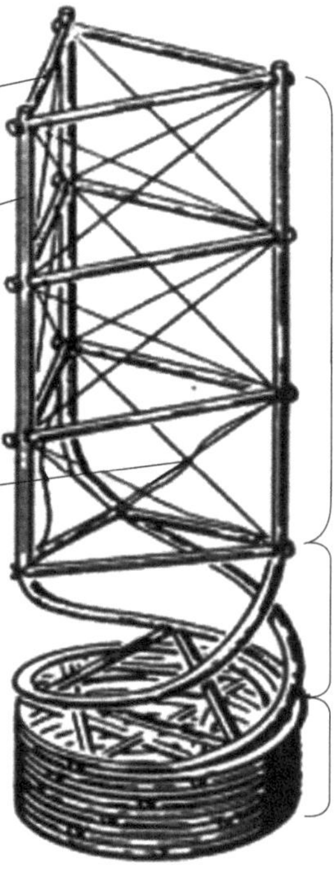

图 1-11　空间盘绕伸展臂组成示意图

空间盘绕伸展臂收拢时纵杆随桁架整体旋转弯曲，并储存应变能。在收拢过程中，沿纵杆盘绕方向的对角加劲索保持绷紧，另一个方向则处于松弛状态。在完全收拢状态下，纵杆由于结构件体积的限制以一定螺旋角盘绕压紧，此时，横杆和对角加劲索均未变形。

在展开过程中，纵杆依靠本身应变能伸展，在纵杆伸展到一定程度时，由于横杆和对角加劲索几何关系的限制，横杆开始翘曲。随着纵杆的继续伸展，横杆的翘曲程度会先增大后减小。最终，随着纵杆达到完全展开状态，横杆也达到一个稳定状态。通常，横杆会存在一定的翘曲，其翘曲程度由伸展臂几何参数决定。此时，对角加劲索上的力与横杆由于翘曲而产生的张力平衡，这是预紧力产生的原因。

空间盘绕伸展臂横截面几何形状一般为正多变形，边数由纵杆数目决定。通常纵杆为 3 根或 4 根，相应桁架的横截面几何形状为等边三角形或正四边形。

空间盘绕伸展臂横架通常有两种形式：一种为横杆首尾相连组成等边三角形，该三角形所在的平面与纵杆垂直，各个顶点与纵杆铰接。另一种为“Y”型横向支架，其三个顶点分别与三根纵杆相连，如图 1-12 所示。

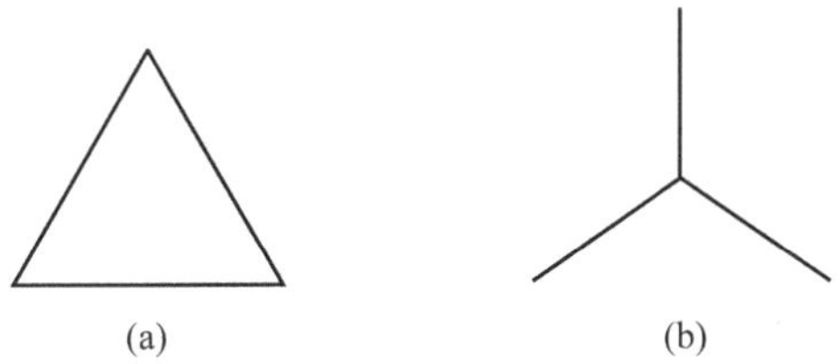

图 1-12　空间盘绕伸展臂横架截面示意图

1.2.2　展开机构原理

（1）自由展开

自由展开的空间盘绕伸展臂如图 1-13 所示。盘压收拢时的应变能为伸展臂的展开提供动力，展开时盘绕伸展臂顶端以松开缠绕的旋转运动向外推进，这是最简单的展开方式。主要特点有：①完全以材料自身应变能为动力源展开；②展开过程不受控，展开结束瞬间顶端会承受较大的冲击载荷；③展开过程中，伸展臂的顶端会旋转；④展开时过渡段（收拢段和展开段之间）的刚度很低，在展开过程中不能承受过大的载荷；⑤结构最简单，费用最低。

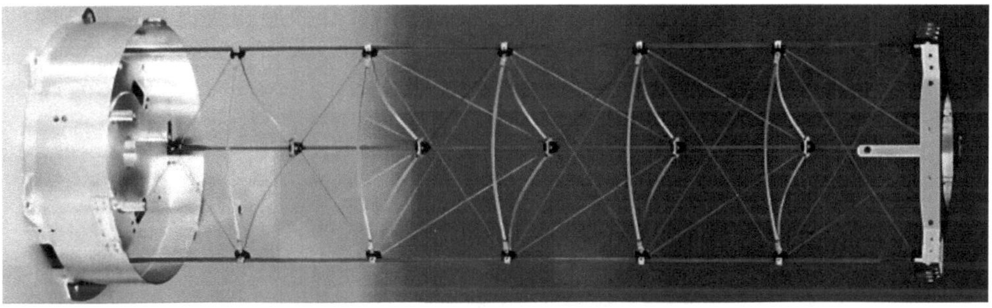

图 1-13　自由展开的空间盘绕伸展臂

（2）中心绳索控制展开

中心绳索控制展开的空间盘绕伸展臂如图 1-14 所示。在盘绕伸展臂轴心用一根绳索来控制伸展运动，绳索绕在阻尼器或者电机驱动的鼓轮上，依靠后者实现对展开过程的部分控制。主要特点有：①完全以材料自身应变能为动力源展开；②以电机或阻尼器控制中心绳索的释放，实现对展开过程的控制，展开过程平稳，不会出现展开结束时的冲击现象；③在展开过程中，伸展臂的负载端会旋转，且展开时的过渡段刚度很低，不能承受过大的载荷；④结构相对简单，费用较低。

（3）套筒动力控制展开

套筒动力控制展开的盘绕伸展臂如图 1-15 所示，该类装置采用了一个圆形展开筒，盘绕伸展臂从筒内向外展开。展开筒的主要部件包括外筒、可旋转的底盘、导向滑道、多线螺母驱动装置、电机及传动装置。可旋转的底盘安装在筒的底部，导向滑道和螺旋驱动

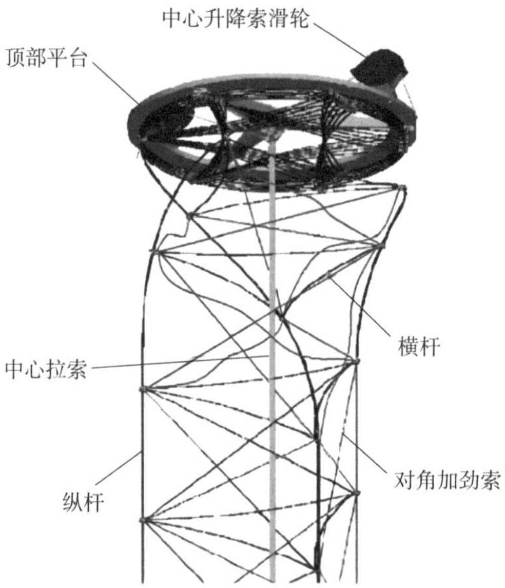

图 1-14　中心绳索控制展开的空间盘绕伸展臂

装置安装在筒的上部。在横框的端部装有圆柱形滚子，盘绕伸展臂的展开运动由螺旋驱动装置驱动滚子在导向滑道内运动实现。在收拢状态时，盘绕伸展臂收拢在展开筒内的可旋转底盘上。在展开过程中，筒外的已展开伸展臂部分沿直线运动，而筒内的伸展臂部分进行旋转运动。

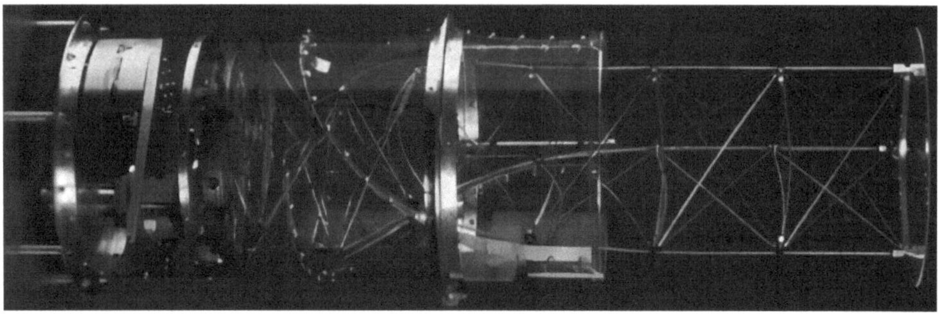

图 1-15　套筒动力控制展开的盘绕伸展臂

1.2.3　展开机构应用

自面世以来，空间盘绕伸展臂在航天器上广泛应用，主要包括磁强计展开机构、天线展开机构、重力梯度杆、光学载荷展开机构及其他科学探测仪器展开机构。比较有代表性的伸展臂有 AEC - ABLE 研制的盘绕伸展臂、日本 Utline 公司研制的 Simplex - mast 和 Hingeless - mast 盘绕伸展臂。

（1）磁强计展开机构

伽利略号木星探测器安装有盘绕伸展臂，在其顶端和中部装有磁强计，如图 1-16（a）

所示。该伸展臂展开后总长为 11 m，采用的展开方式为阻尼拉索展开。美国国家航空航天局（NASA）针对地球空间探测，发射了 GSS Polar Martin/GSFC 探测器，如图1-16（b）所示。探测器安装有两个盘绕伸展臂，分别在两个伸展臂顶端部署了磁强计，该伸展臂完全展开后总长为 6 m，采用的展开方式为电机驱动拉索展开。与 GSS Polar Martin/GSFC 探测器同类任务的 GSS Wind Martin/GSFC 探测器同样带有两个盘绕伸展臂，如图 1-16（c）所示。伸展臂完全展开后总长为 12 m，采用的展开方式为电机驱动拉索展开，在两个伸展臂顶端分别部署了磁强计和三轴磁搜索线圈。同样，1997 年 10 月发射的卡西尼号探测器、GOES 系列卫星、2015 年 2 月发射的 DSCOVR（深空气候观测台）均搭载了展开方式为拉索展开的盘绕伸展臂，用于将磁强计支撑至远离卫星平台的位置，避免载荷受到卫星的干扰，如图 1-16（d）、（e）、（f）所示。

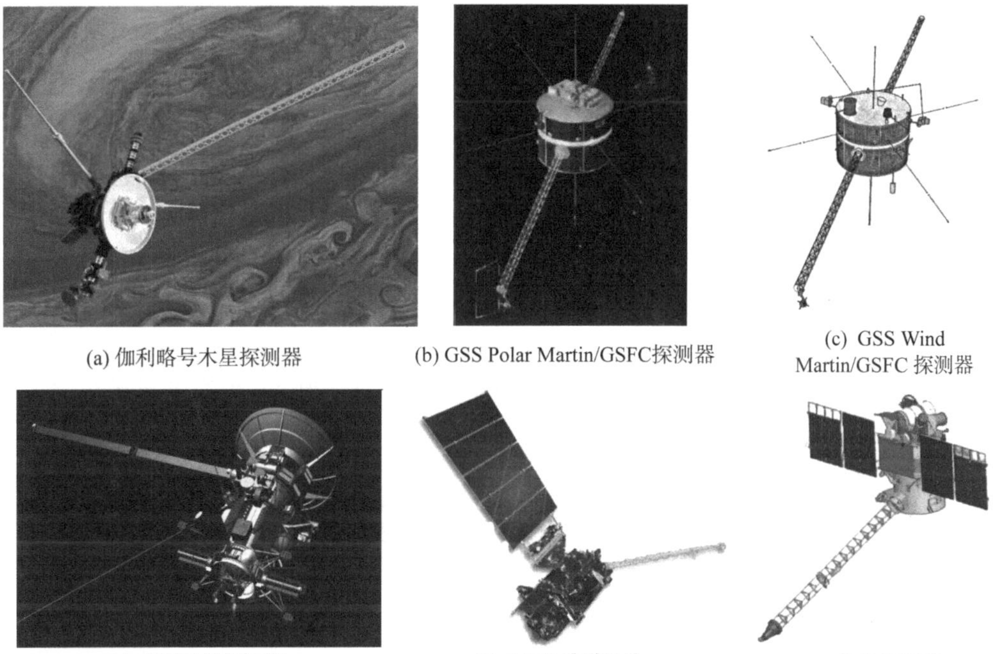

(a) 伽利略号木星探测器　(b) GSS Polar Martin/GSFC探测器　(c) GSS Wind Martin/GSFC 探测器

(d) 卡西尼号探测器　(e) GOES系列卫星　(f) DSCOVR

图 1-16　基于盘绕伸展臂的磁强计展开机构

（2）重力梯度杆或天线展开机构

美国海军研究实验室（NRL）建造的卫星 LACE 搭载了三根盘绕伸展臂，如图 1-17（a)所示。该伸展臂采用螺母展开的方式，完全展开长度为 45.72 m，收拢长度为 1.22 m，其作用是充当重力梯度杆，并在前杆顶端安装有可见光反射器。2000 年 3 月发射的 IMAGE 探测器是第一个对地球磁场进行成像的探测器，如图 1-17（b）所示。其上搭载的盘绕伸展臂采用阻尼拉索展开，完全展开后可起到天线的作用。2021 年，亚太空间合作组织大学生小卫星-1（简称“亚太一号”）成功发射，北京航空航天大学自主研制的盘绕伸展臂作为卫星的关键载荷成功在轨展开，该伸展臂采用拉索展开，完全展开后总长为 2 m，收拢筒总长为 0.1 m，完全展开后可充当重力梯度杆，如图 1-17（c）所示。

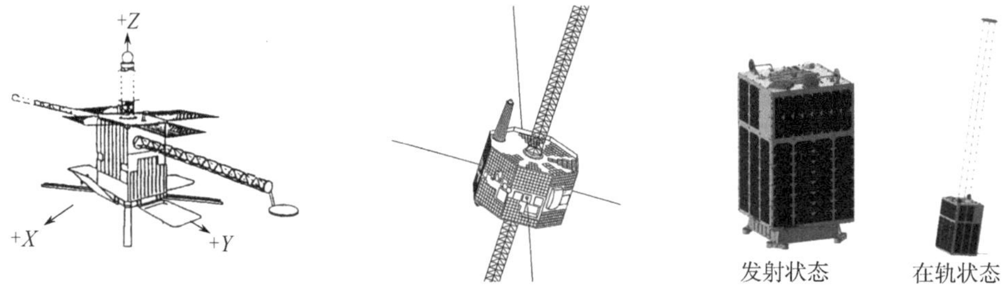

(a) LACE实验卫星　(b) IMAGE探测器　(c) 亚太一号

图 1-17　基于盘绕伸展臂的重力梯度杆或天线展开机构

(3) 光学载荷展开机构

2010 年，NASA 艾姆斯研究中心研制的可折叠多布森太空望远镜（CDST）搭载于仅 10 kg 的微小卫星平台，如图 1-18（a）所示。主镜口径为 152.4 mm，采用盘绕伸展臂作为主次镜之间的支撑装置，其收拢展开比为 14.8%，但由于展开精度有限，在主次镜之间还装备有主动控制装置，以起光路补偿作用。2008 年，日本发射了遥感微纳卫星（PRISM），其主镜头通过盘绕伸展臂的支撑远离卫星平台。光学载荷与盘绕伸展臂构成了约 8 kg 的望远镜透镜结构，可获得分辨率超过 30 m 的地球图像，如图 1-18（b）所示。X 射线成像偏振探测器（IXPE）采用盘绕伸展臂作为空间可展开机构，整星质量为 330 kg，如图 1-18（c）所示。在发射阶段，盘绕伸展臂收拢于长度为 60 cm 的镜筒旁，入轨展开后，盘绕伸展臂可为光学器件与探测器之间提供 400 cm 的空间以满足观测对焦距的要求。

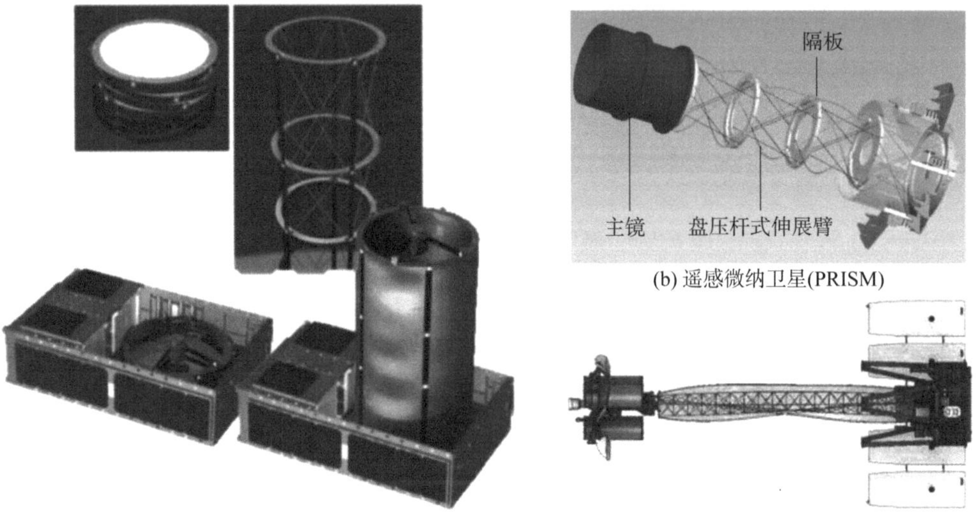

(b) 遥感微纳卫星(PRISM)

(a) 多布森太空望远镜 (CDST)　(c) X 射线成像偏振探测器(IXPE)

图 1-18　基于盘绕伸展臂的光学载荷展开机构

第 2 章　空间被动式盘绕展开机构低扰动可控展开技术

2.1　被动式盘绕展开机构平稳展开技术

平稳展开对于空间可展开机构的应用至关重要，它反映了空间可展开机构由发射段收拢状态过渡为在轨段展开状态的平稳性和可靠性。盘绕式展开机构常用于将对展开过程力学环境敏感的高精度探测装置或光学仪器设备推离至卫星本体，因此对盘绕式展开机构的平稳展开设计更是设计者们需要考虑的关键问题。本书关注的对象为空间被动式盘绕展开机构，其展开平稳性主要由展开模式和轴向展开力这两项关键指标体现。

被动式盘绕展开机构的展开模式分为逐层展开和螺旋展开两种类型，如图 2－1 所示。在螺旋展开模式下，展开机构纵杆呈现出类似于 DNA 螺旋结构的状态，其拉压、扭转以及弯曲刚度极低，侧向稳定性极差，且每次展开时的螺旋状态不稳定，无法通过设计控制展开变形。在螺旋展开模式下，展开机构极易在外部扰动下发生整体失稳，造成展开任务的失败。逐层展开模式下的展开机构则呈现出明显的“三段性”特征，其展开过程可明确划分为展开段、过渡段以及收拢段三部分。虽然此模式下也存在着过渡段侧向刚度低的问题，但过渡段长度相对较小，且可通过展开机构构型尺寸设计进行定量调整，因此空间任务中优先选用逐层展开模式实现被动式盘绕展开机构的展开。

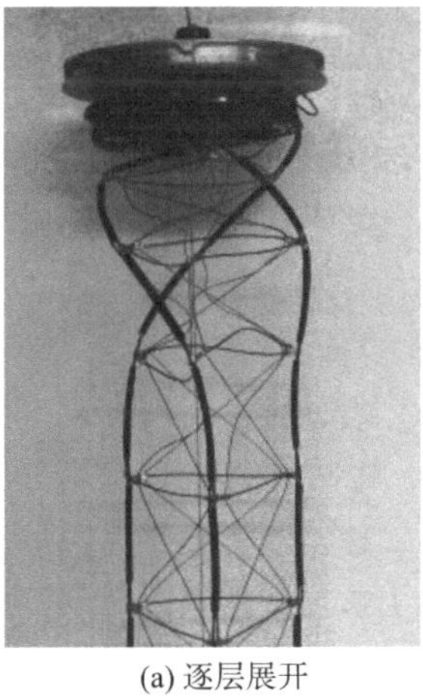
(a) 逐层展开

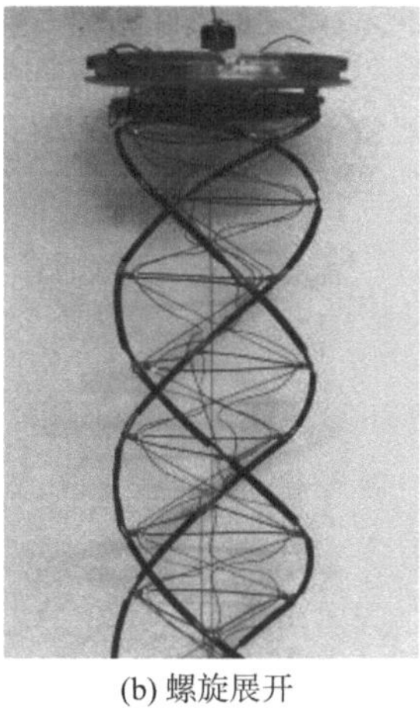
(b) 螺旋展开

图 2－1　盘绕式展开机构展开模式

被动式盘绕展开机构完全依靠自身收拢时存储的应变能驱动展开，纵杆等弹性部件为恢复自身形变所表现出的轴向展开力反映了展开机构推动顶端沿轴向运动的能力，是评价展开能力强弱及展开平稳性的重要指标。轴向展开力的确定对被动式盘绕展开机构阻尼器的选型有着重要的指导作用，而阻尼器则直接影响机构展开的平稳性和可靠性：若阻尼力太大，则展开过程缓慢，处在不稳定状态的过渡段存在时间较长，易导致展开失效；相反，阻尼力太小，则会导致较大的展开速度，产生明显的冲击载荷，影响姿态稳定甚至整星安全。因此，有必要研究被动式盘绕展开机构轴向展开力的确定方法，这对其平稳展开设计具有重要意义。

2.1.1 展开机构纵杆变形分析

（1）纵杆变形描述

由展开状态下盘绕式展开机构的几何特征可知，每层的三根横杆由铰链连接，构成了一个三角形横架，横架的外接圆半径即为展开机构的盘绕半径 R，三根纵杆与三角形顶点处的铰链固连，可以看作是同一个圆柱面内的三条母线。对于逐层展开过程中的盘绕式展开机构，展开段及收拢段纵杆均处于同一圆柱面内，这是因为相应的三角形横架均保持着稳定构型。在过渡段，横杆受压失稳导致三角形横架产生变形，由于对角加劲索以及铰链等部件的几何限位，过渡段纵杆的盘绕半径会轻微减小，如图 2-2 所示。但是，盘绕半径减小的长度相对于展开机构截面尺寸而言属于微小变形，过渡段纵杆仍然可近似看作处于盘绕半径所在的圆柱面内，因此这里引入圆柱面假设，即盘绕式展开机构纵杆在逐层展开过程中沿圆柱面发生变形，圆柱面半径即为盘绕半径 R。

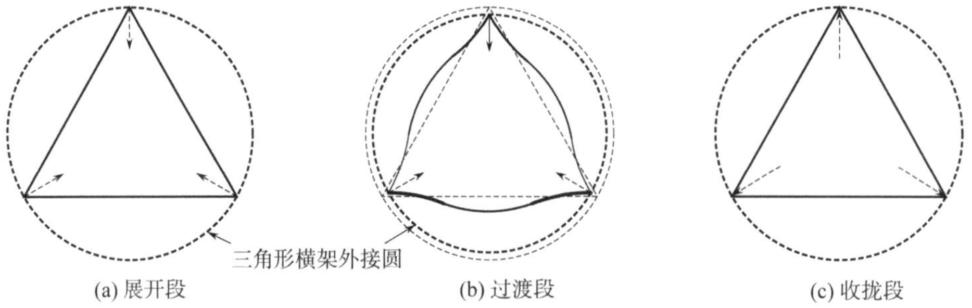

图 2-2 逐层展开模式下三角形横架受力变形示意图

建立纵杆坐标系以方便对纵杆变形进行描述，如图 2-3 所示。以展开机构轴线上任意点 O 为坐标原点，展开机构轴线为 $O\zeta$ 轴，沿展开机构截面径向定义 $O\xi$ 轴，得到坐标系 $O-\xi\eta\zeta$。将坐标系 $O-\xi\eta\zeta$ 绕 $O\zeta$ 轴旋转 Ψ 得到坐标系 $O-XYZ$。定义点 P 为短杆某处截面形心，将坐标系 $O-XYZ$ 由点 O 平移至点 P，得到坐标系 $P-XYZ$。将坐标系 $P-XYZ$ 绕 PX 轴旋转 $\frac{\pi}{2}-\theta$ 得到坐标系 $P-X'Y'Z'$，使 PY' 与短杆截面垂直，即 PY' 为截面法线。

根据坐标系定义，Ψ 为短杆截面相对于坐标系 $O-\xi\eta\zeta$ 绕展开机构轴线旋转的角度，θ 为短杆截面法线与展开机构轴线之间的夹角，即纵杆螺旋角。另外，定义 φ 为短杆某处截面绕 PY' 轴旋转的角度，则 Ψ 可以用来定义短杆截面的空间方位，θ 和 φ 决定了截面法线的空间指向。对应的角度沿短杆曲线坐标 s 的变化率 $\mathrm{d}\Psi/\mathrm{d}s$、$\mathrm{d}\theta/\mathrm{d}s$ 和 $\mathrm{d}\varphi/\mathrm{d}s$ 可以用来描述短杆的变形。$\mathrm{d}\varphi/\mathrm{d}s$ 描述了短杆相邻截面之间的相对扭转角，$\mathrm{d}\Psi/\mathrm{d}s$ 和 $\mathrm{d}\theta/\mathrm{d}s$ 分别定义了短杆相邻截面绕 PZ 轴和 PX 轴的转角。

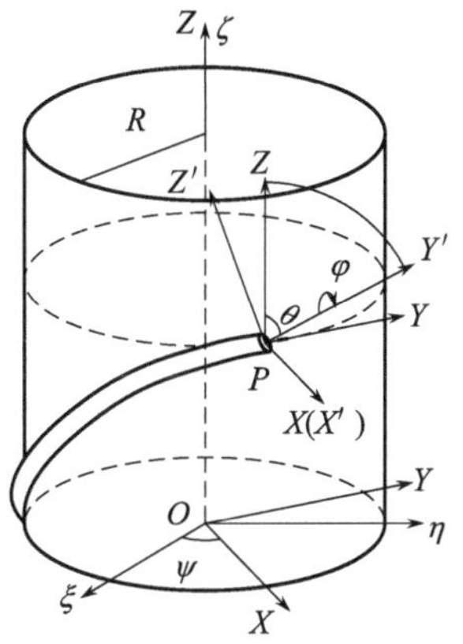

图 2-3　纵杆坐标系定义

(2) 纵杆变形方程

由于展开段和收拢段的变形形式固定且与外载荷无关，因此我们只关心过渡段纵杆变形。实际上，真正影响盘绕式展开机构展开过程力学特性的正是过渡段纵杆变形。由于盘绕展开机构过渡段通常包含多个节段，无法直接建立其整体变形与受力的关系，因此首先将过渡段纵杆以“节”为单位进行离散化处理，之后分别以离散后仅两端受力的短杆作为研究对象。根据基尔霍夫动力学比拟理论，仅两端受力的弹性细杆变形满足公式（2-1），其中 $i=1$，2，3，4（取过渡段节数为 4）。

$$\begin{cases}\dfrac{\mathrm{d}^2\theta_i}{\mathrm{d}s^2}=-\dfrac{1}{R}(l_{0i}\cos\theta_i-m_i\cos2\theta_i)+\left(\dfrac{p_i}{2}+\dfrac{2\cos\theta_i\sin^2\theta_i}{R^2}\right)\sin\theta_i\\ l_{0i}=\left(\dfrac{R}{A}\right)F_{Yi}+m_i\cos\theta_i+\dfrac{\sin^3\theta_i}{R}=\dfrac{M_{0i}}{A}\\ m_i=\dfrac{C}{A}\omega_{30i} \qquad\qquad (i=1,2,3,4)\\ \omega_{30i}=\dfrac{\mathrm{d}\Psi_i}{\mathrm{d}s}\cos\theta_i+\dfrac{\mathrm{d}\varphi_i}{\mathrm{d}s}\\ p_i=\dfrac{2F_{Zi}}{A}\end{cases} \tag{2-1}$$

式中　θ_i ——短杆 i 某一截面处的螺旋角；

s ——短杆 i 的曲线坐标；

p_i、l_{0i} 和 m_i ——与短杆 i 边界条件有关的积分常数；

A 和 C ——短杆 i 截面的弯曲刚度和扭转刚度；

M_{0i} ——短杆 i 截面沿 $O\zeta$ 方向所受的外力矩；

R ——展开机构盘绕半径；

F_{Yi} 和 F_{Zi} ——短杆 i 截面沿 PY 和 PZ 轴所受的外力。

根据几何关系，$\Psi_i(s)$ 和 $\theta_i(s)$ 满足下列条件：

$$\mathrm{d}\Psi_i = \frac{\mathrm{d}s \cdot \sin\theta_i}{R} \tag{2-2}$$

记 ω_{30i} 为短杆 i 的扭率。由于纵杆和横架之间的连接只保留了 PX 方向的转动自由度，因此，纵杆绕 PY' 轴方向的转动被约束，即 $\mathrm{d}\varphi_i/\mathrm{d}s$ 在 $[0,\ t]$ 上的积分为 0，其中，t 是展开机构的节距。对 ω_{30i} 在 $[0,\ t]$ 上进行积分：

$$\begin{aligned}\int_0^t \omega_{30i}\,\mathrm{d}s &= \int_0^t \left(\frac{\mathrm{d}\Psi_i}{\mathrm{d}s}\cos\theta_i + \frac{\mathrm{d}\varphi_i}{\mathrm{d}s}\right)\mathrm{d}s = \int_0^t \left(\frac{\mathrm{d}\psi_i}{\mathrm{d}s}\cos\theta_i\right)\mathrm{d}s + \int_0^t \frac{\mathrm{d}\varphi_i}{\mathrm{d}s}\mathrm{d}s \\ &= \int_0^t \frac{\sin\theta_i\cos\theta_i}{R}\mathrm{d}s\end{aligned} \tag{2-3}$$

对于仅在两端承受外载荷的弹性细杆，其扭率在细杆中心线方向保持不变，即

$$\int_0^t \omega_{30i}\,\mathrm{d}s = \int_0^t \frac{\sin\theta_i\cos\theta_i}{R}\mathrm{d}s = \omega_{30i}t \tag{2-4}$$

(3) 变形方程求解

求解纵杆变形方程的关键是明确变形积分条件和微分方程的初始值。忽略纵杆展开动力学效应，以短杆 i 为研究对象，分别进行边界条件分析，求解 F_{Yi}、F_{Zi} 和 M_{0i}。

图 2 - 4 所示为短杆 i 顶端截面所受外载荷示意图，此时 $s=0$。图中，$\theta_i(0)$ 为短杆 i 顶端纵杆螺旋角。另外，$M_{Zi}(0)$ 可以沿 PZ' 和 PY' 轴分解为两个正交分量 $M_{Z'i}(0)$ 和 $M_{Y'i}(0)$，则有如下关系：

$$\begin{cases} M_{Zi}(0) = M_{Z'i}(0) + M_{Y'i}(0) = A\,\dfrac{\sin^2\theta_i(0)}{R}\sin\theta_i(0) + C\omega_{30i}\cos\theta_i(0) \\ M_{0i} = M_{Zi}(0) + F_{Yi}(0)R \end{cases} \tag{2-5}$$

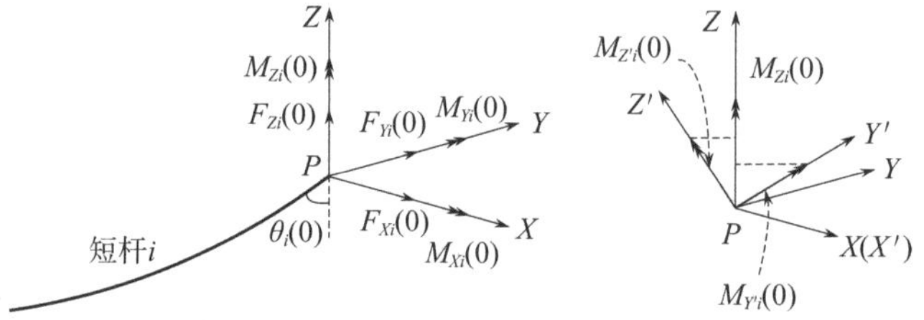

图 2 - 4　短杆 i 顶端截面所受外载荷示意图

将短杆 i 以上的收拢段和顶板视为一个整体 T。此时，T 在拉索拉力 F_L、短杆反作用力/力矩、对角加劲索的拉力联合作用下处在平衡状态，如图 2 - 5 所示。F_{ri}、F_{vi} 和 F_{hi} 是对角加劲索拉力在坐标系 $P-XYZ$ 中的三个分量。由于展开机构是一个空间对称结构，因此三根纵杆对 T 的反作用力/力矩数值相等。对 T 考虑在 $O\zeta$ 轴向的受力平衡，$M_{Zi}(0)$、F_L、$F_{Yi}(0)$、$F_{Zi}(0)$、F_{vi} 和 F_{hi} 满足如下关系：

$$\begin{cases} F_L + 3F_{Zi}(0) + 3F_{vi} = 0 \\ 3\left[M_{Zi}(0) + F_{Yi}(0)R + F_{hi}R\right] = 0 \end{cases} \tag{2-6}$$

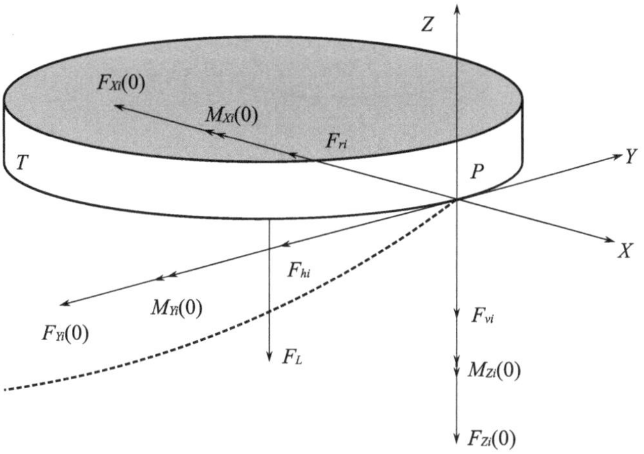

图 2-5　顶端 T 受力平衡状态分析

取相邻短杆交界处的微元作为分析对象，其受力平衡如图 2-6 所示。考虑微元两侧外力平衡条件，见式（2-7）。其中，$F_{Yi+1}(t)$ 和 $F_{Zi+1}(t)$ 可根据式（2-1）中积分常数 p_{i+1} 和 l_{0i+1} 的表达式由 $F_{Yi+1}(0)$ 和 $F_{Zi+1}(0)$ 求得。

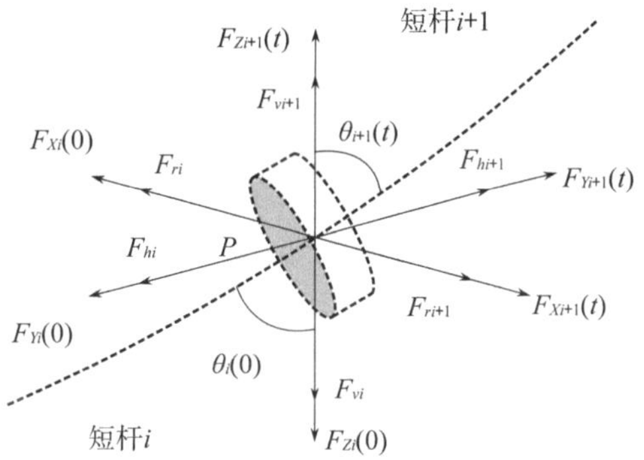

图 2-6　相邻短杆交界处微元受力平衡状态分析

$$\begin{cases} F_{Yi}(0)+F_{hi}=F_{Yi+1}(t)+F_{hi+1} \\ F_{Zi}(0)+F_{vi}=F_{Zi+1}(t)+F_{vi+1} \end{cases} \tag{2-7}$$

对角加劲索用于在盘绕变形时实现展开机构构件的几何限位，为柔性部件，只能承受拉力而不能承受压力。因此，其分量可以通过展开机构相邻横架之间的几何变形分析来求解，如图 2-7 所示。假设加劲索长度为 l，在坐标系 $P-XYZ$ 中的三个长度分量分别为 l_{ri}、l_{vi} 和 l_{hi}。由于加劲索只能承受拉力，因此其拉力分量与长度分量具有相同的几何关系，具体计算方法见公式（2-8）。

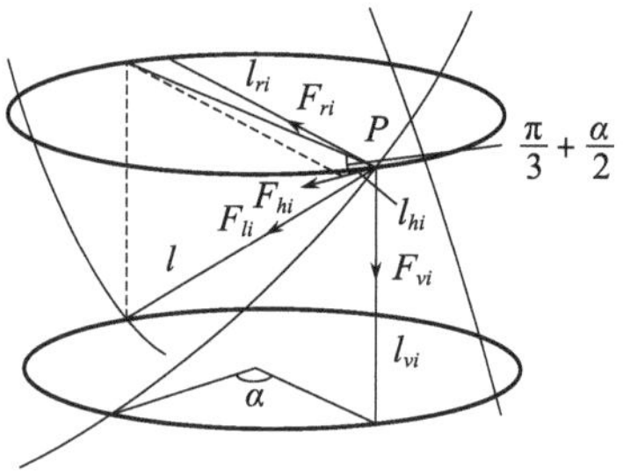

图 2-7　展开机构节间变形分析

$$\begin{cases}\dfrac{F_{li}}{l}=\dfrac{F_{hi}}{l_{hi}}=\dfrac{F_{vi}}{l_{vi}}=\dfrac{F_{ri}}{l_{ri}}\\ l_{vi}=\int_t\cos\theta_i\,\mathrm{d}s\\ \alpha_i=\int_t\dfrac{\sin\theta_i}{R}\mathrm{d}s\\ l_{hi}=2R\cos\left(\dfrac{\pi}{3}+\dfrac{\alpha_i}{2}\right)\sin\left(\dfrac{\pi}{3}+\dfrac{\alpha_i}{2}\right)\\ l_{ri}=2R\sin^2\left(\dfrac{\pi}{3}+\dfrac{\alpha_i}{2}\right)\\ l=\sqrt{(l_{vi}^2+l_{hi}^2+l_{ri}^2)}\end{cases} \tag{2-8}$$

联立式（2-5）～式（2-8），可分别计算出短杆 i 变形分析所需的积分参数 F_{Yi}、F_{Zi} 和 M_{0i}，并进一步求得积分常数 p_i、l_{0i} 和 m_i。由于在展开机构的过渡段中，对角加劲索并非总是处在张紧状态，因此公式中的加劲索拉力分量应做进一步讨论。根据试验中的观察，在根部过渡段的第 3 节和第 4 节里，加劲索处于松弛状态，即当 $i=3$，4 时，F_{vi} 和 F_{hi} 等于 0。此时，在求解对应的 F_{Yi}、F_{Zi} 和 M_{0i} 时就不需要联立公式（2-8）了。

根部 4 节短杆的变形分析将由第 4 节至第 1 节进行计算。由于展开机构采用通长连续纵杆，因此纵杆在短杆 4 顶端处变形连续，即 $\theta_4(0)$ 与 θ_{coil}（收拢段纵杆螺旋角）相等。根据研究结果，纵杆螺旋角在第 2 节至第 4 节之间呈近似的线性变化，而第 1 节纵杆螺旋角基本保持不变，因此有如下关系：

$$\begin{cases}\theta_4(0)=\theta_{\mathrm{coil}}\\ \left.\dfrac{\mathrm{d}\theta_4}{\mathrm{d}s}\right|_{s=0}=\dfrac{\theta_{\mathrm{bottom}}-\theta_{\mathrm{coil}}}{3t}\end{cases} \tag{2-9}$$

式中　θ_{bottom}——短杆 1 的底端螺旋角，即展开机构纵杆的根部螺旋角。

对于第 3 节至第 1 节，纵杆保持同样的连续变形，可认为纵杆螺旋角沿曲线坐标 s 的变化率 $\mathrm{d}\theta_i/\mathrm{d}s$ 满足如下条件：

$$\begin{cases}\theta_i(0)=\theta_{i+1}(t)\\ \left.\dfrac{\mathrm{d}\theta_i}{\mathrm{d}s}\right|_{s=0}\left[m_i-\dfrac{3}{2R}\sin 2\theta_i(0)\right]=\left.\dfrac{\mathrm{d}\theta_{i+1}}{\mathrm{d}s}\right|_{s=t}\left[m_{i+1}-\dfrac{3}{2R}\sin 2\theta_{i+1}(t)\right]\end{cases} \tag{2-10}$$

如此，明确了公式（2-1）求解所需要的全部变形积分条件和初始条件，依次求解每一节纵杆即可得到过渡段纵杆变形。

2.1.2 展开机构逐层展开判据

盘绕展开机构的展开模式属于展开机构的固有属性，受到材料、构型参数以及展开机构根部边界条件的影响。基于2.1.1节所介绍的纵杆变形分析方法，可建立并求解盘绕展开机构纵杆变形方程，得到展开模式与展开机构构型参数的定量关系，进而推出逐层展开对展开机构构型尺寸的设计要求和根部边界条件要求。

（1）展开模式与构型参数定量关系

盘绕展开机构展开模式的界定主要取决于过渡段的变形形式，这里认为当盘绕展开机构展开过程中过渡段节数不大于4时，即认为盘绕展开机构以逐层展开模式展开。具体地，定义逐层展开情况下纵杆过渡段变形如图2-8所示，展开机构纵杆螺旋角在4节范围内自下而上从0增加到θ_{coil}。对展开机构过渡段组成进行定义，将自下而上的每一节分别定义为第$r+1$节，第$r+2$节，……；将自下而上的每一层横架定义为横架r，横架$r+1$，……。对展开机构通长纵杆进行离散化处理，以与横架相连的铰链为离散点，自下而上分别定义为短杆$r+1$，短杆$r+2$，……。根据过渡段节数的定义，在展开机构横架$r+5$与横架$r+4$之间的接触力恰好减小到0的时刻，展开机构4节过渡段刚好在拉索拉力和边界条件作用下达到平衡状态，此时横架r处的纵杆螺旋角$\theta_r=0$。

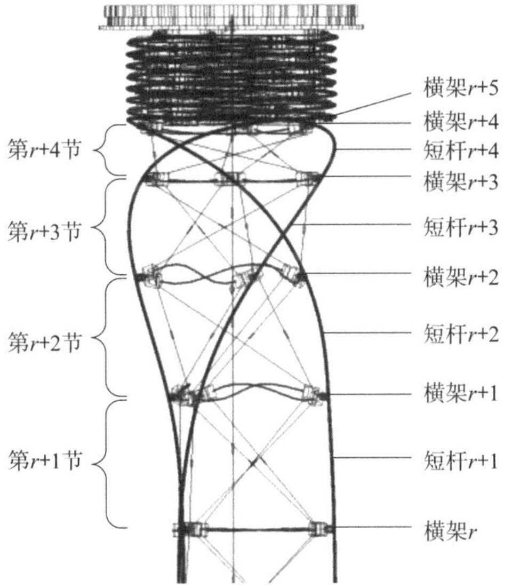

图2-8　展开机构过渡段定义及纵杆离散化

根据试验和仿真结果可以确定，在盘绕展开机构展开过渡段中，第$r+1$层横杆抗弯能力和纵杆通过释放应变能而产生的对第$r+1$层横杆的压缩能力（简称“纵杆对第$r+1$层横杆的压缩能力”）决定了盘绕展开机构的展开模式。

横杆的抗弯能力可通过展开过程中其两端受到的压力表示。记横杆变形至最大弯曲状态（两端距离为 $d_{\min}$）时两端压力大小为 F_{dm}，将纵杆对第 $r+1$ 层横杆的压力记为 F_{dl}，该力与纵杆变形有关。由此可定义盘绕展开机构展开模式的判据：

1) $F_{dm} < F_{dl}$，说明纵杆对第 $r+1$ 层横杆的压缩能力较大，盘绕展开机构可以逐层展开；

2) $F_{dm} > F_{dl}$，说明横杆抗弯能力较强，盘绕展开机构无法逐层展开（包括形成逐层展开模式时过渡段节数多于标准形态所定义的 4 节的情况）。

虽然给出了盘绕展开机构展开模式的判据，但 F_{dm} 和 F_{dl} 的定义比较复杂，使用并不方便。因此需要求解 F_{dm} 和 F_{dl}，并将其转化为关于展开机构构型参数的判据。

根据图 2-9，对于横杆端部与铰链的连接关系，可以假设横杆在受压时发生类似于平面简支梁的变形，因此可通过压杆失稳理论中临界载荷的求解方法直接求得 F_{dm}。

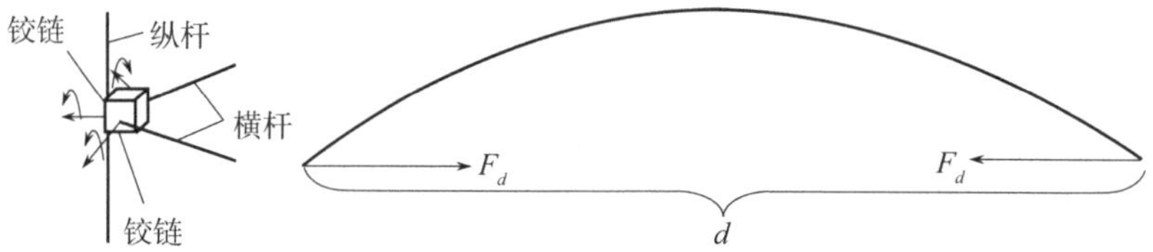

图 2-9　横杆端部连接及变形

F_{dl} 则需要应用盘绕展开机构变形理论进行求解。根据 2.1.1 节介绍的盘绕展开机构纵杆变形分析方法，可以求得不同构型参数对应的 F_{dl}。利用本节提出的判据，就可以判断不同构型参数的盘绕展开机构对应的展开模式。以 t/R 为横坐标，以横杆、纵杆刚度比值为纵坐标，画出满足 $F_{dm}=F_{dl}$ 的曲线，如图 2-10 所示。

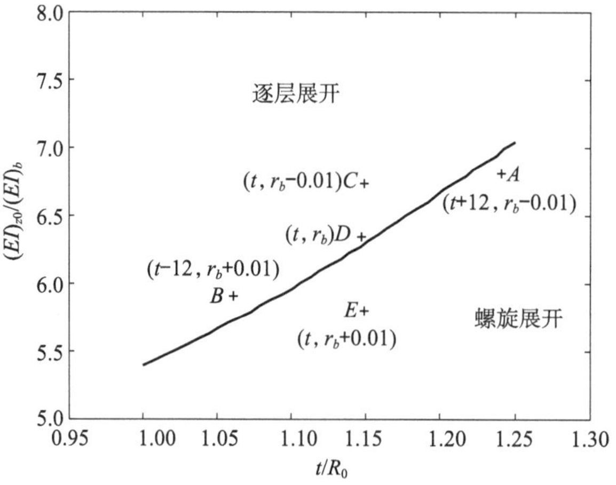

图 2-10　盘绕展开机构展开模式图

图 2-10 所示坐标平面中的每个点代表一组展开机构的构型参数，其中斜线对应的构型参数为所定义过渡段标准纵杆变形情况下的临界参数（此时满足 $F_{dm}=F_{dl}$），斜线上方

满足 $F_{dm} < F_{dl}$，斜线下方满足 $F_{dm} > F_{dl}$。根据本节提出的展开模式判据，可以得到对应的展开模式。

(2) 逐层展开根部边界条件

为实现盘绕展开机构的逐层展开，除了要满足前文中所得出的构型尺寸设计要求外，还需要满足展开机构根部边界条件，该条件同样应用盘绕展开机构变形理论来求解。

为便于描述和分析根部螺旋角对于展开机构逐层展开的影响，对展开过程中展开机构根部变形进行定义，如图 2-11 所示。其中，将自下而上的每一节分别定义为第 1 节，第 2 节，……；将自下而上的每一层横架定义为横架 0，横架 1，……。对于展开机构的通长纵杆则进行离散化处理，以与横架相连的铰链为离散点，自下而上分别定义为短杆 1，短杆 2，……。

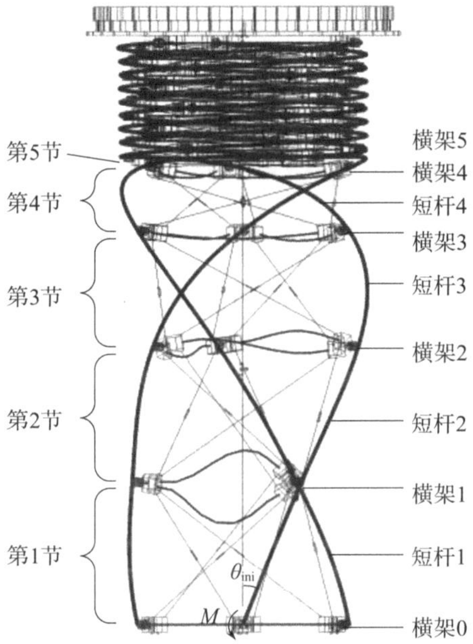

图 2-11　纵杆离散化及展开机构组成定义

如图 2-11 所示，考察展开机构展开时横架之间接触力的变化，定义展开机构第 n 节展开的标志为横架 n 与横架 $n-1$ 之间的接触力刚好减小到 0。针对根部展开问题，当第 5 节展开机构刚好展开时，即横架 5 与横架 4 之间的接触力恰好减小到 0 的时刻，展开机构根部 4 节过渡段刚好在拉索拉力和边界条件作用下达到平衡状态。定义此时的展开机构根部 4 节过渡段处于临界状态，此时的根部螺旋角定义为临界根部螺旋角。

由于与横架采用铰链相连，根部纵杆可以绕展开机构截面外接圆半径方向自由转动，即纵杆根部外力矩为 0。因此，当展开机构处在临界状态时，展开机构纵杆根部的螺旋角沿曲线坐标 s 的变化率 $\left(\frac{\mathrm{d}\theta}{\mathrm{d}s}\right)_{\mathrm{bottom}}$ 等于 0。假如有一外力矩 M 作用在展开机构纵杆根部，则在临界状态下纵杆 4 节过渡段变形也会相应地发生变化，对应的螺旋角变化率也不再等于 0，其正负取决于外力矩的方向。从运动学角度来看，只有当外力矩矢量 M 沿图 2－11 所示方向施加在纵杆根部时，展开机构纵杆过渡段螺旋角才有可能在展开时由 θ_{ini} 减小到 0。因此，相应的纵杆根部螺旋角沿曲线坐标的变化率应大于 0，即

$$\left(\frac{\mathrm{d}\theta}{\mathrm{d}s}\right)_{\text{bottom}} > 0 \tag{2-11}$$

经过上述分析，考虑展开机构根部 4 节过渡段平衡条件，通过调整展开机构的根部螺旋角可以计算出所对应的纵杆根部螺旋角变化率，并据此得出变化率为零时的临界根部螺旋角。利用公式（2－11），可以得出判断展开机构根部能否实现逐层展开的判据条件。

（3）临界根部螺旋角求解流程

从短杆 4 开始，从上而下采用连续积分的方式进行展开机构根部 4 节短杆的变形分析。首先，分别为纵杆根部螺旋角 θ_{bottom} 和拉索拉力 F_L 赋初值。各短杆的积分条件及初值与 2.1.1 节的求解方法相同，之后对曲线坐标在区间 [0，t] 内进行积分，分别得到不同的纵杆螺旋角 θ_i 及螺旋角变化率 $\frac{\mathrm{d}\theta_i}{\mathrm{d}s}$，其中 $i=1$，2，3，4。

调整拉索拉力 F_L 的值，对短杆 4 到短杆 1 进行第一重迭代求解，直至所得 $\theta_1(t)$ 与 θ_{bottom} 相等。随后，调整纵杆根部螺旋角 θ_{bottom} 的值，进行第二重迭代求解，直至所得 $\frac{\mathrm{d}\theta_1(t)}{\mathrm{d}s}$ 等于 0。最终得到的 θ_{bottom} 即为展开机构临界根部螺旋角，F_L 即为临界状态下的拉索拉力。

临界状态下，展开机构根部 4 节短杆变形分析流程如图 2－12 所示。

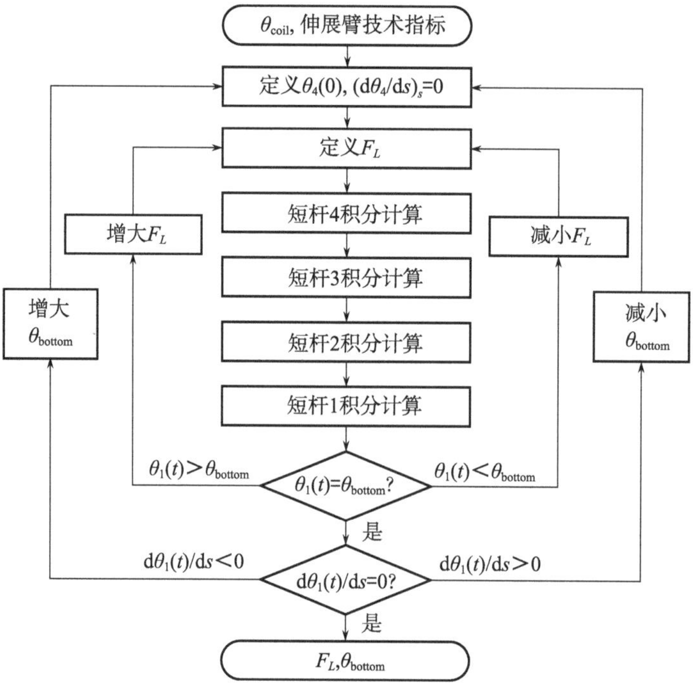

图 2－12　展开机构根部 4 节短杆变形分析流程

(4) 地面样机变形计算及判据确定

以亚太一号卫星盘绕展开机构为研究对象，其技术参数如表 2－1 所示。表中的材料特性和几何构型满足本节中给出的逐层展开要求。在此基础上，展开机构根部的顺利展开将能保证展开机构整体的逐层展开。

表 2－1　展开机构地面样机技术参数

设计指标	取值	设计指标	取值
盘绕半径 (R)	75 mm	纵杆半径 (r)	1 mm
横架节距 (t)	95 mm	横架半径	0.4 mm
纵杆、横架材料	钛镍合金	铰链材料	铝合金
纵杆、横架弹性模量 (E)	83 GPa	铰链弹性模量	70.6 GPa
纵杆、横架泊松比 (σ)	0.31	铰链泊松比	0.33

其他的初始参数如短杆弯曲刚度、扭转刚度、对角加劲索长度等如式 (2－12) 所示。收拢段相邻横架之间的间距为 8 mm，因此收拢段螺旋角 $\theta_{\text{coil}}=\arccos(8/95)=85.17°$。

$$\begin{cases}A=\dfrac{E\pi r^4}{4}\\[2mm] G=\dfrac{E}{2(1+\sigma)}\\[2mm] C=\dfrac{G\pi r^4}{2}\\[2mm] l=\sqrt{3R^2+t^2}\end{cases}\tag{2-12}$$

利用纵杆变形计算方法对地面样机根部 4 节短杆进行分析，临界状态下纵杆变形状况如图 2－13 所示，此时的临界根部螺旋角为 23.164°。

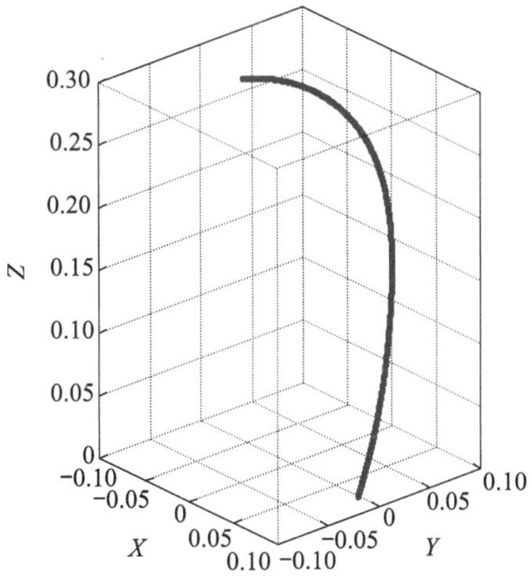

图 2－13　临界状态下展开机构根部 4 节短杆变形

调整展开机构纵杆的初始根部螺旋角从 5°变化至 80°，由此可得出一系列纵杆螺旋角变化曲线，如图 2-14 所示。相应的纵杆螺旋角沿曲线坐标 s 的变化率如表 2-2 所示，该变化率也代表了展开机构根部 4 节纵杆变形所需的外力矩方向及大小。利用公式（2-11）进行判断，可以得出展开机构地面样机根部逐层展开判据为：当展开机构初始根部螺旋角小于前文所得临界根部螺旋角 23.164°时，展开机构根部能够实现逐层展开，且展开过渡段小于等于 4 节。

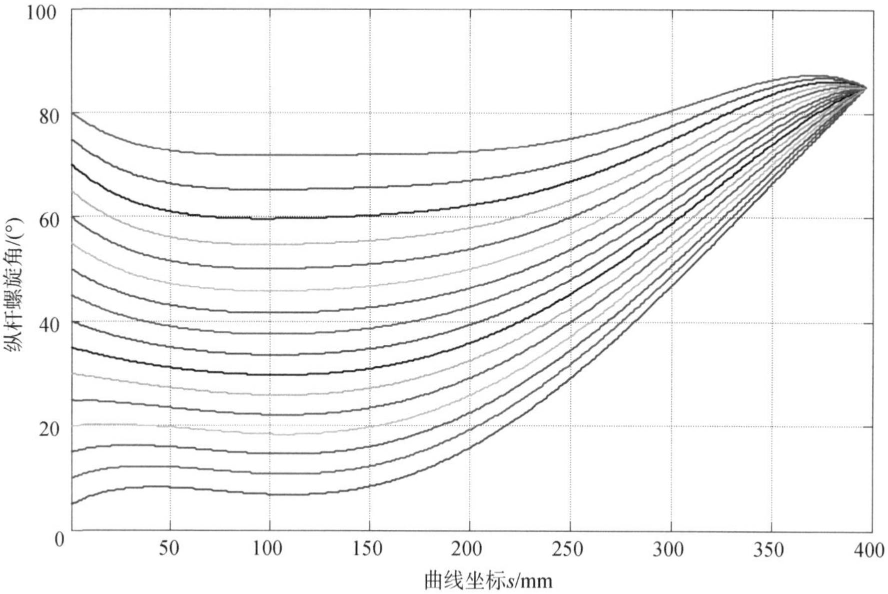

图 2-14　根部 4 节纵杆螺旋角变化示意图（见彩插）

表 2-2　不同条件下纵杆根部变形特性

初始根部螺旋角/(°)	螺旋角变化率/[(°)/mm]	初始根部螺旋角/(°)	螺旋角变化率/[(°)/mm]
5	0.182 08	45	−0.194 94
10	0.136 48	50	−0.234 44
15	0.088 07	55	−0.269 46
20	0.038 71	60	−0.298 75
23.164	−0.000 97	65	−0.320 00
25	−0.010 65	70	−0.330 07
30	−0.059 33	75	−0.322 66
35	−0.106 67	80	−0.281 87
40	−0.152 08		

另外，对上述判据得出的结论可以从运动学的角度进行定性推断。当展开机构根部螺旋角大于临界值时，所需的根部外力矩矢量 M 沿 $-PX$ 方向，即外力矩 M 有压缩展开机构根部纵杆至收拢状态的趋势，这在机构展开过程中是需要极力避免的。相反，当展开机构根部螺旋角小于临界值时，外力矩 M 有展开根部纵杆至伸直状态的趋势。由此可见，本节介绍的展开机构根部逐层展开的判据是有效的。

2.1.3　展开机构轴向展开力数值求解

盘绕展开机构的轴向展开力同样属于展开机构的固有属性，由展开机构材料及构型参数决定。基于 2.1.1 节所介绍的纵杆变形分析方法，可建立并数值求解盘绕展开机构纵杆变形方程，得到标准逐层展开模式下展开机构轴向展开力的理论解，指导被动式盘绕展开机构阻尼器的选型。

（1）过渡段标准形态

逐层展开的盘绕展开机构呈现出明显的“三段性”特征，其中展开段和收拢段对轴向展开力并无直接贡献，只有过渡段变形才决定展开机构的轴向展开力。然而，盘绕展开机构展开是一个动态过程，展开力数值也时刻处在变化中。为此，这里对过渡段的标准形态进行定义，以标准形态下的展开力大小衡量盘绕展开机构的展开能力，实际展开过程中的展开力将在该数值上下波动。过渡段通常包含若干节处于螺旋形态的纵杆，其长度由纵杆节数及纵杆的具体变形所决定，对于展开机构的整体刚度有着很大的影响。根据以往研究以及地面样机的展开试验，逐层展开过程中的盘绕展开机构过渡段近似为 4 节，这里也以此为基础对过渡段的标准形态进行定义，可描述为：盘绕展开机构在 4 节过渡段范围内由完全螺旋状态转变为完全展开状态，此时，第 5 节纵杆及横架与过渡段顶端的接触力减小至 0，处于即将展开的临界状态。

为实现盘绕展开机构展开力的数值求解，需要对过渡段标准形态进行定量表示，本节引入纵杆螺旋角的概念，定义为盘绕展开机构纵杆截面的法线方向与展开机构展开轴线之间的夹角，如图 2-15 所示。将纵杆螺旋角用 θ 表示，过渡段的变形状态即可通过 θ 沿曲线坐标 s 的函数 $\theta(s)$ 来表示。对于展开段而言，展开机构纵杆处于完全伸直状态，其截面法线与展开机构展开方向一致，因此有 $\theta_{\text{deploy}}=0°$。当展开机构纵杆收拢段处于均匀螺旋状态时，同一根纵杆上相邻两节正好相差一个铰链的高度，记为 h_1，由此可计算收拢段的螺旋角取值为 $\theta_{\text{coil}}=\text{acrcos}(h_1/t)$。结合纵杆螺旋角定义，盘绕展开机构过渡段标准形态可定量表示为：纵杆螺旋角在 4 节范围内由 0°（展开段螺旋角）增大到 θ_{coil}（收拢段螺旋角）。

（2）展开力求解流程

在标准形态下，与过渡段顶端相邻的收拢段依赖于纵杆变形产生的恢复力即将开始展开，由于初始阶段变形过程较为缓慢，可忽略其动力学效应。此时，收拢段与过渡段顶端的接触力也恰好减小至 0，因此，收拢段以及展开机构顶端部件组成的整体在展开力及拉索拉力的共同作用下达到平衡状态，由此对展开力的求解也可等效为对过渡段标准形态下

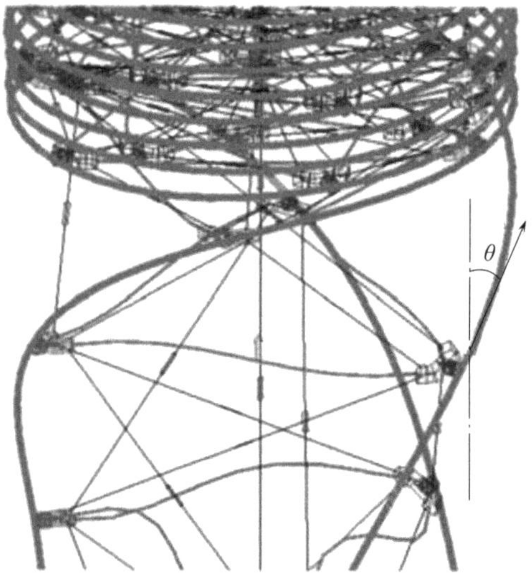

图 2－15　纵杆螺旋角定义（见彩插）

顶端所承受拉索拉力的求解。

对于过渡段顶端的第 4 节纵杆而言，其初始螺旋角即为收拢段的螺旋角 θ_{coil}，边界条件也与拉索拉力直接相关，因此可从顶端第 4 节开始对纵杆变形进行积分求解，求解方程见式（2－1）。积分过程自上而下连续进行，得到变形结果后可反推出拉索拉力以及展开力数值，具体流程如图 2－16 所示。

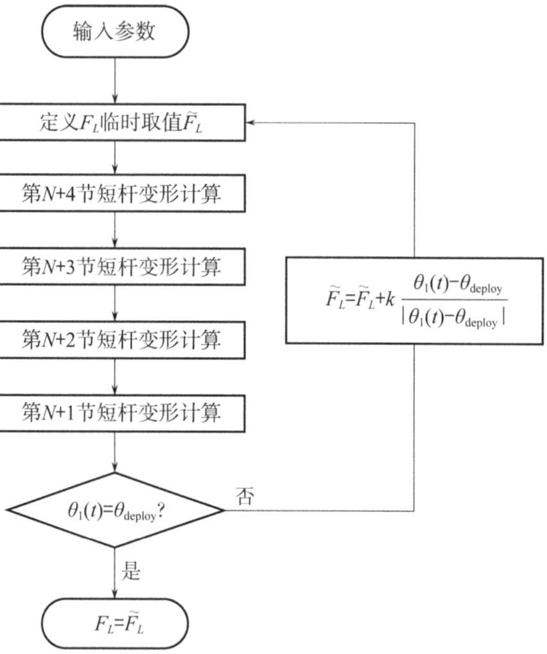

图 2－16　展开力求解流程图

求解过程的输入参数主要包括两类：一是盘绕展开机构本身的设计参数，如盘绕半径 R、节距 t 以及材料性能参数等；二是过渡段标准形态的定义参数，如收拢段螺旋角 θ_{coil} 和展开段螺旋角 θ_{deploy}。此外，还需要设定拉索拉力的临时取值 $\tilde{F}_L$，这是因为拉索拉力会直接影响展开机构纵杆的受力情况，是计算公式（2－1）中积分常数的必要信息。针对离散后的纵杆，逐层利用弹性细杆变形方程进行计算，可得到过渡段纵杆的整体变形情况，具体体现为纵杆螺旋角 θ 随曲线坐标 s 在 4 节范围内取值变化。将计算所得第 $N+1$ 节纵杆末端螺旋角的取值与展开段螺旋角 θ_{deploy} 进行对比，若二者相等，则表明盘绕展开机构过渡段已形成标准形态，当前拉索拉力 $\tilde{F}_L$ 取值合理；若二者不相等，则调整拉索拉力取值后继续迭代求解。

（3）计算结果与对比分析

以 SSS－1 卫星上搭载的盘绕展开机构为研究对象，展开机构的各项技术指标如表 2－3所示。根据以上技术指标，可计算得到盘绕展开机构的轴向展开力为 11.808 N，相应过渡段的纵杆变形如图 2－17 所示。在第 3 节和第 4 节中，纵杆螺旋角沿弧长 s 的变化率大于第 1 节和第 2 节，这是由于对角加劲索的限制，截面 1 和截面 2 的整体扭转刚度大于截面 3 和截面 4。因此，纵杆承受更多扭转应力，导致截面 1 和截面 2 中的螺旋角变化较慢。

表 2－3　SSS－1 卫星盘绕展开机构技术指标

性能指标	取值	性能指标	取值
盘绕半径	75 mm	纵杆节距	95 mm
纵杆直径	2 mm	横杆直径	1.3 mm
铰链材料	铝合金	弹性杆材料	钛镍合金

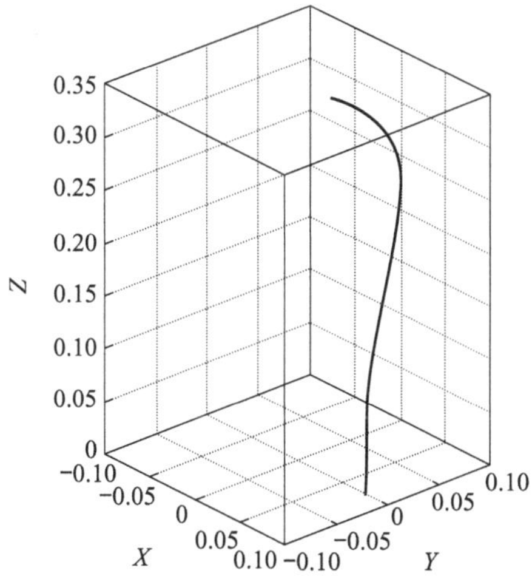

图 2－17　盘绕展开机构过渡段纵杆变形

前期已通过微重力展开试验以及动力学仿真两种方式进行对比，以验证盘绕展开机构展开力理论计算结果的正确性。动力学仿真和微重力展开试验相关内容将分别在第 3 章和第 4 章详细介绍。

由理论分析结果可知，盘绕展开机构在某层将要展开的临界状态下轴向展开力为 11.808 N。将微重力展开试验及动力学仿真的结果与之对比，如图 2－18 所示。从图中可知，盘绕展开机构的展开分为三个阶段，阶段 A 和阶段 C 分别表示展开的开始和结束，轴向展开力呈现出不规则变化。阶段 B 是稳定展开阶段，拉索拉力由于逐层展开的特性也呈现出周期性变化。这是因为当某一节展开机构完成展开后，纵杆与横杆的弯曲也能够将应变能迅速转化为顶端的动能，导致轴向展开力突然增大。此外，由于装配误差以及摩擦力等因素的存在，动力学仿真相较微重力展开试验而言体现出更明显的周期性。同时也可以看出，动力学仿真以及微重力展开试验的展开力结果均小于理论分析值，这是因为理论分析基于理想模型，忽略了摩擦力等影响轴向展开力的因素。但即使如此，各方法所得结果仍然能够较好地吻合，证明了展开机构轴向展开力数值求解方法的正确性和实用性。

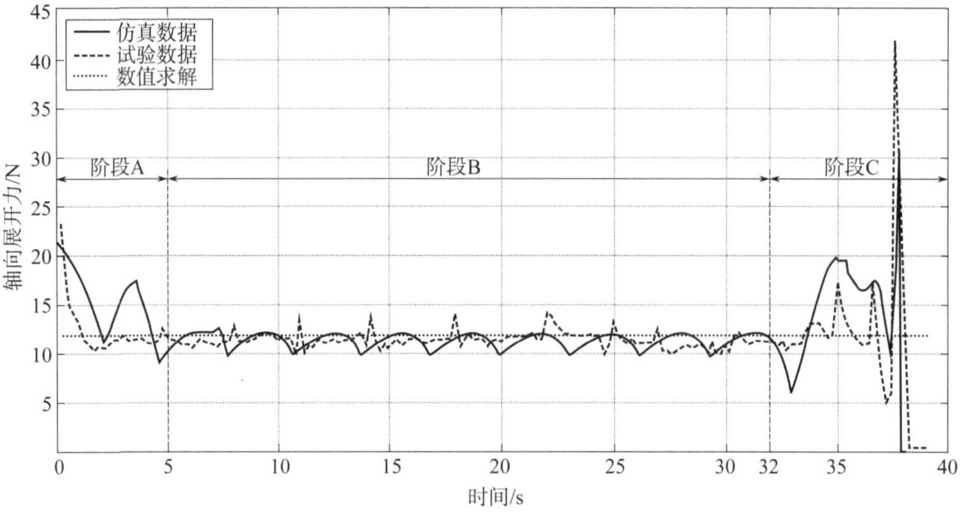

图 2－18　盘绕展开机构展开力对比（见彩插）

2.2　被动式盘绕展开机构低扰可控技术

被动式盘绕展开机构以自身盘绕收拢过程所储存的应变能为展开能源，依靠中心拉索和阻尼器对机构展开过程进行被动控制。如何使被动式盘绕展开机构从解锁到展开全过程低扰可控，是设计者需要重点关注的一个技术问题。

2.2.1　展开机构低冲击锁紧释放

随着微小卫星中锁紧释放应用场景的不断丰富，锁紧释放方案向着非火工化、低冲击化方向发展。本小节介绍一种已经过在轨验证的被动式盘绕展开机构锁紧释放组件方案，该方案对于同类展开机构具有普适性。

锁紧释放组件的功能是在发射阶段将收拢的盘绕展开机构锁紧在星体内部，并在入轨后由星务指令控制解锁，实现伸展臂的在轨释放。锁紧释放组件的核心设备为拔销器，其安全性和可靠性直接影响到盘绕展开机构的展开动作，进而影响卫星有效载荷任务的成败。记忆合金拔销器是目前市场上一种广泛应用的非火工、低冲击锁紧释放部件，如图 2-19 所示。

图 2-19　记忆合金拔销器

记忆合金拔销器采用记忆合金作为驱动，使用前将销子拉出，通电后销子收缩，结构简单可靠，解锁冲击小，其具体性能指标如表 2-4 所示。

表 2-4　记忆合金拔销器技术参数

技术参数	技术指标	技术参数	技术指标
质量	11 g	行程	1.5 mm
尺寸	45.5 mm×22 mm×13.5 mm	耗能	20 J(−80 ℃),常温下 10 J
拔销力	>240 N	工作温度	−80～+70 ℃

需要注意的是，记忆合金拔销器销子行程极短，若在运载主动段的剧烈振动环境下产生轴向位移，很容易导致锁紧失效。本节针对性设计了拔销器基座及锁紧连杆，以保证拔销器锁紧的可靠性，如图 2-20 所示。拔销器通过螺钉与固定在中板上的拔销器基座实现固连，锁紧连杆在拔销器销子处开孔，销子插入其中完成锁定。锁紧连杆顶端留有 M10 螺纹，对应螺母拧紧后可将顶板压在收纳筒顶面上，使得盘绕展开机构维持压缩收拢状

态。此外，中板及拔销器基座对锁紧连杆有限位作用，不会在销子轴向产生位移，避免了运载主动段的脱销风险。

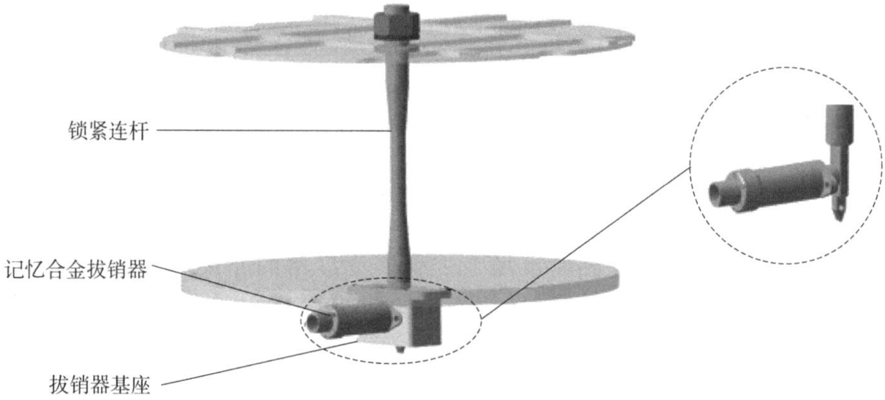

图 2-20 锁紧释放组件

2.2.2 展开机构可控展开与监测

被动式盘绕展开机构解锁后，机构将在自身储存的应变能驱动下展开。如果在机构解锁后没有任何控制措施，盘绕展开机构将在极短时间内自由展开，展开过程将对机构自身和卫星本体造成较大冲击，严重时将对卫星平台健康产生影响。此外，展开过程除了有“可控”要求外，还对其“可测”有一定的要求。对于被动式盘绕展开机构来说，通常需要监测其展开长度，展开长度将作为重要的测量量输入控制组件，参与机构的展开时序控制以及应急措施触发。本小节介绍一种被动式盘绕展开机构展开约束及监测组件方案，该组件同样完成了在轨验证，对于同类展开机构具有普适性。

展开约束及监测组件主要是在盘绕展开机构的在轨展开过程中发挥作用，主要实现两个功能：一是限制伸展臂的展开速度，核心设备是旋转阻尼器；二是监测伸展臂的展开长度，由编码器测量角度值转化计算求解。综合来看，旋转阻尼器及编码器均依赖于与伸展臂顶端连接的拉索实现对应功能，因此将其进行集成设计，如图 2-21 所示。

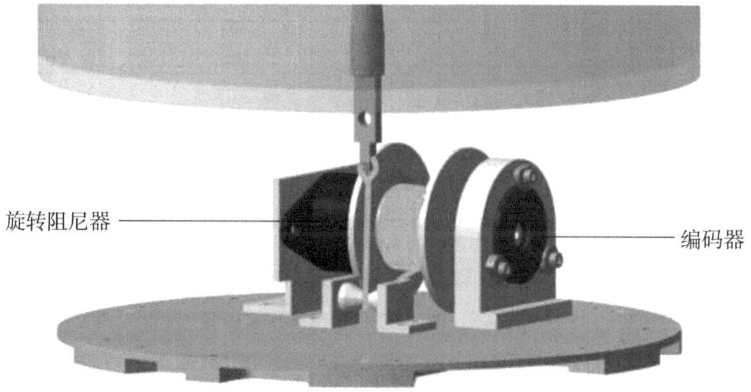

图 2-21 展开约束及监测组件

拉索一端固连在锁紧连杆上，经转向轮调整方向，另一端缠绕在绕线轮上，旋转阻尼器和编码器的转子部件与绕线轮共轴且为固定连接。拔销器解锁后，锁紧连杆随着盘绕展开机构的展开而跟随顶板向上运动，与之固连的拉索带动绕线轮转动，旋转阻尼器施加与伸展臂展开速率成正比的阻尼力，对展开速度进行约束。编码器实时监测转子转动角度，通过转化计算即可得到伸展臂的展开长度。

旋转阻尼器选用成熟产品 FRT－D2－501，其标称扭矩为 5 N·cm，实际扭矩大小则受到转速、环境温度等因素的影响。由 2.1.3 节方法可计算得到盘绕展开机构轴向展开力大小在 10 N 左右，该型号旋转阻尼器有着很好的匹配度。编码器选用 DS－25－16 绝对式编码器，可用 17 位二进制数表示当前转子的角度位置，角分辨率小于 0.003°，其主要技术指标如表 2－5 所示。

表 2－5　编码器性能指标

性能指标	取值	性能指标	取值
转动惯量	11.13 g·mm^2	整体质量	4 g
外径/内径/厚度	25 mm /6 mm /7 mm	最大转速	4 000 r/min
角分辨率	360/2^{17}(°)	通信接口	串行同步接口(SSI)
供电电压	5 V(1±10%)	平均功耗	0.35 W
工作温度	−55～85 ℃	抗振能力	20 g(10～2 000 Hz)

盘绕展开机构在展开过程中，编码器实时开机，对绕线轮所处角度位置进行持续测量，测量值与盘绕展开机构展开长度的转化关系可以表示为

$$L_{展开}=\pi D\left(C+\frac{X-X_0}{2^{17}}\right) \tag{2-13}$$

式中　D——绕线轮直径，设计尺寸为 20 mm，考虑到拉索自身几何尺寸，取 $D=20.5$ mm；

X——十进制形式表示的当前编码器测量角度值；

X_0——编码器在盘绕展开机构展开前的测量角度值；

C——转动圈数，即绕线轮转过零点的次数，当本次测量值 X 小于上一次测量值时，C 的数值加 1。

2.2.3　被动式盘绕展开机构低扰可控展开试验

（1）试验方案

盘绕展开机构作为机构系统的主体，其锁紧释放、速度约束、长度监测等功能的实现都依赖于各展开保障设备的协同工作。卫星入轨后，地面仅负责发送盘绕展开机构的展开指令，展开控制器、记忆合金拔销器以及编码器等电子设备在星务软件的统一调配下开展工作，整个机构系统的展开控制逻辑框图如图 2－22 所示。

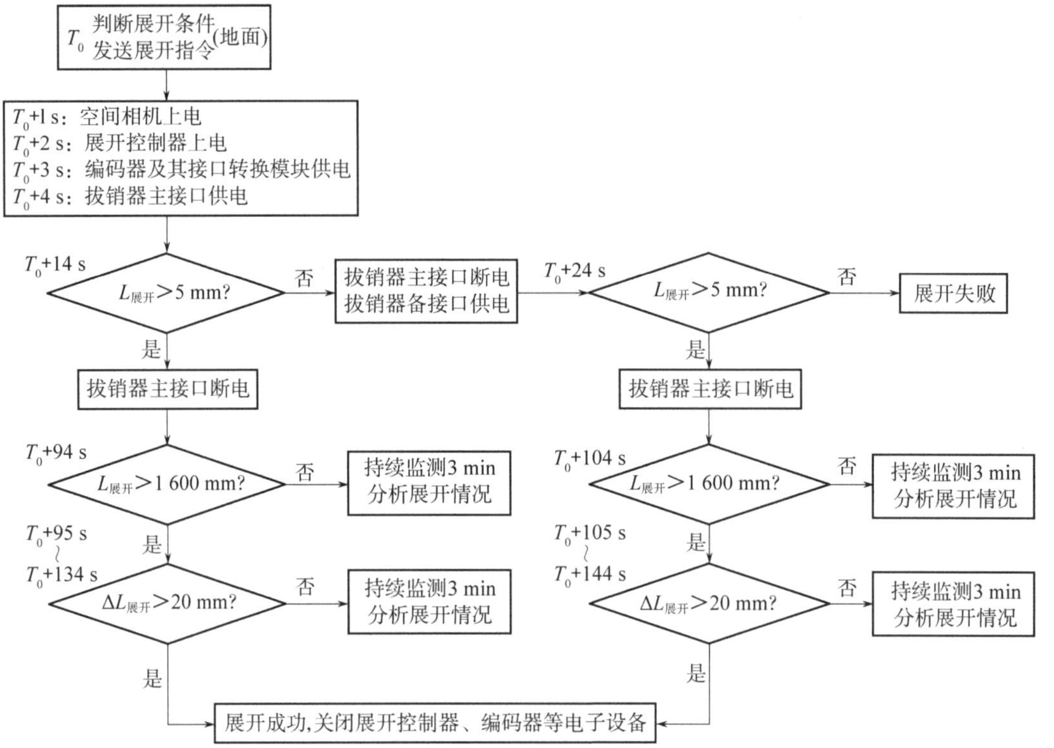

图 2-22 展开机构系统逻辑框图

在盘绕展开机构展开前，首先要根据卫星遥测参数判断卫星平台状况，其中，收纳筒处测温点的温度应当高于−25 ℃，以防钛镍合金材料发生相变，失去超弹性。在满足展开条件的情况下，地面上行盘绕展开机构展开指令，定义此时刻为 T_0。在 T_0+1 s～T_0+4 s 的时间内，主要完成相关设备的开机工作。空间相机最先开启，开启后以 3 s 为间隔拍摄 60 张照片，记录盘绕展开机构的展开过程。展开控制器上电后，首先配合星务指令开启编码器及其接口转换模块，记录角度初始值，随后控制拔销器主接口上电。记忆合金拔销器的工作状况通过监测 10 s 后的展开长度值 L 来判定，若 L 值大于 5 mm，认为拔销器解锁成功，否则为备份接口供电，若备份接口同样未能解锁成功，判定伸展臂由于解锁失败导致未能展开。由于盘绕展开机构的预估展开时间约为 60 s，因此在判别拔销器解锁成功的情况下，以 90 s（考虑 50%裕度）后的长度作为评价标准，若大于 1 600 mm，则认为伸展臂基本展开到位，进入最终的展开判定阶段。最终展开成功的判别准则为：若伸展臂在 40 s 内长度变化量不超过 20 mm，则认为其已形成稳定构型，判定展开成功，随后关闭各电子设备。此外，若在判别过程中发现展开长度变化不符合预期，则对展开过程进行持续监测，记录相应数据，由地面人员进行详细分析后对展开情况进行判断。

为了对展开机构系统进行整体验证，地面展开试验的工作流程与在轨展开过程完全保持一致，测试平台及相关硬件设备如图 2-23 所示。为了试验的便捷性，盘绕展开机构安装在专门的试验支架上。

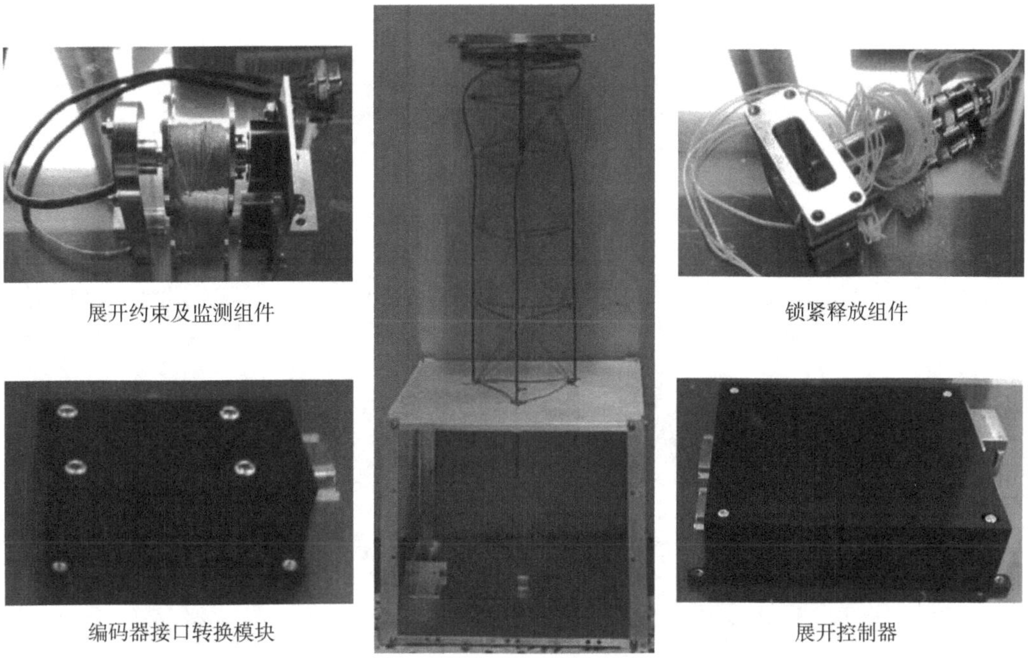

图 2－23　展开机构系统地面测试平台及相关硬件设备

（2）试验结果

试验开始后，控制星务计算机发送盘绕展开机构展开指令，可观察到空间相机立刻开机并开启闪光灯进行拍照，拔销器随之解锁，盘绕展开机构瞬间弹出一段距离，接着便逐层展开，如图 2－24 所示。展开过程持续大约 60 s，盘绕展开机构展开到位后，空间相机依然按照 3 s 一张的频率进行拍照，直至满足程序限定的拍照数目要求。

相关展开过程也得到了遥测参数的印证，编码器及其接口转换模块在展开全过程中均保持供电状态，为盘绕展开机构展开长度的计算提供初始数据。记忆合金拔销器在主接口供电后即实现解锁，因此 10 s 后正常关机，此后一直显示为断电状态。展开长度数值在拔销器解锁后迅速变化，但增加速度基本保持平稳，大约 60 s 后，展开长度增长到某个固定值附近，变化很小。134 s 后，遥测中的盘绕展开机构展开状态参数由“未展开”变化为“完全展开”，表明星务软件已经判别盘绕展开机构处于展开状态。图 2－25 所示为试验中盘绕展开机构的展开长度遥测数据变化曲线，可以发现，展开长度随时间呈现出线性变化关系，验证了展开过程的可控性和平稳性。

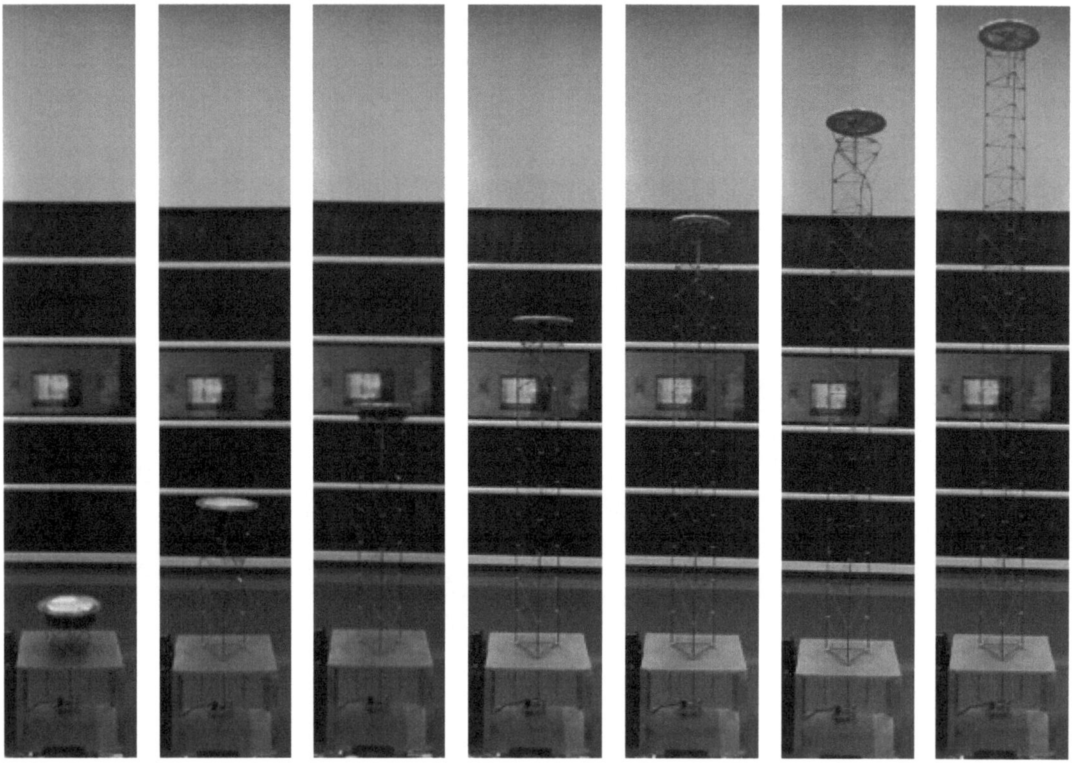

图 2-24　地面展开试验

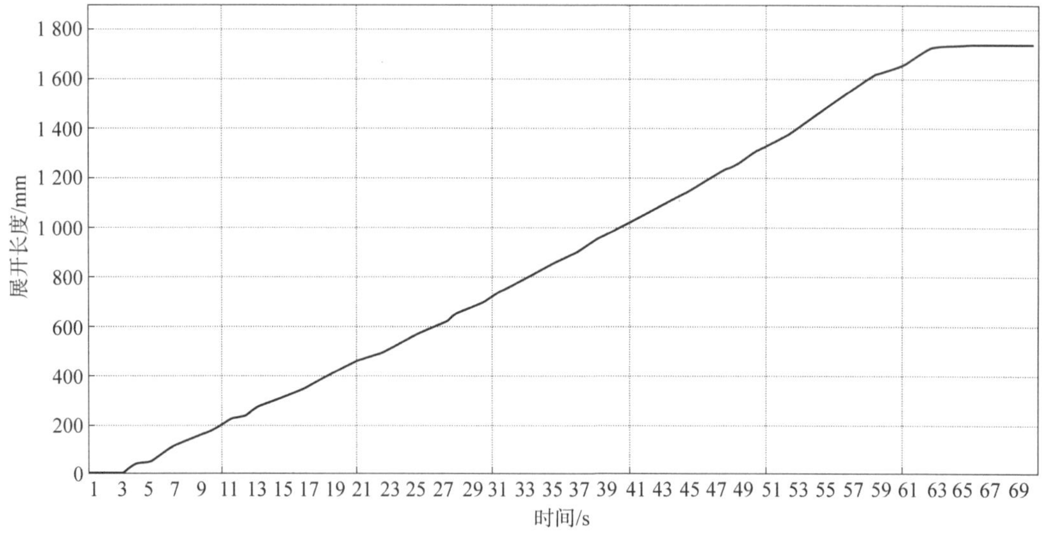

图 2-25　展开长度随时间变化曲线（地面试验）

第3章　空间被动式盘绕展开机构运动学和动力学建模与仿真技术

3.1　被动式盘绕展开机构建模与仿真

3.1.1　展开运动学与动力学建模

盘绕展开机构的展开与收拢过程伴随弹性细杆的几何非线性大变形，给建模仿真带来了困难，其中最大的难题在于如何高效准确地建立柔性体非线性大变形的动力学模型。针对这类柔性体建模，目前主要使用三种方法：绝对坐标系法、随动坐标系法、浮动坐标系法。绝对坐标系法的理论基础是有限元与连续介质力学理论，在全局惯性坐标系下定义单元节点坐标，以此来描述单元的运动。随动坐标系法将单元的运动分解为刚体运动和单元变形，主要应用于经历大变形且有较高转动速度的柔性多系统动力学分析。浮动坐标系法则是将柔性体的运动分解为浮动坐标系的刚体运动（平动和转动）和柔性体相对于浮动坐标系的小范围柔性变形的叠加，许多动力学分析软件均以此为基础进行多体系统的动力学仿真。

本节利用虚拟样机仿真分析软件 ADAMS（Automatic Dynamic Analysis of Mechanical Systems）来完成被动式盘绕展开机构展开过程的仿真计算，并将其与实际试验效果进行对比。ADAMS 是一款机械系统动力学分析和仿真软件，主要基于浮动坐标系法进行柔性体非线性变形计算，通过搭建虚拟样机对整个机械系统进行静力学、运动学和动力学等分析。

（1）模型假设及刚柔耦合虚拟样机建模

盘绕展开机构是一种典型的刚柔混合模型，展开机构各部组件在外载荷的作用下呈现出不同的物理特性。针对这种差异，可以将展开机构模型分为以下四类，并根据其特点分别进行模拟。

（a）刚体部件

刚体部件是指受外载荷作用后，任意两点之间的距离不发生改变的部件。刚体部件是一种理想部件，现实中并不存在这类物理体。当部件的变形计算结果在可接受的误差范围内时，可以将部件认定为刚体部件。刚体部件在计算时不考虑其自身变形。

展开机构铰接头（包括 V 型件、转接件）、螺钉等均可以认定为刚体部件，在建模时将 V 型件和转接件分别用刚体单元模拟。由于螺钉均为固定连接，因此忽略其几何尺寸，只将质量等效至 V 型件刚体单元中，如图 3-1 所示。

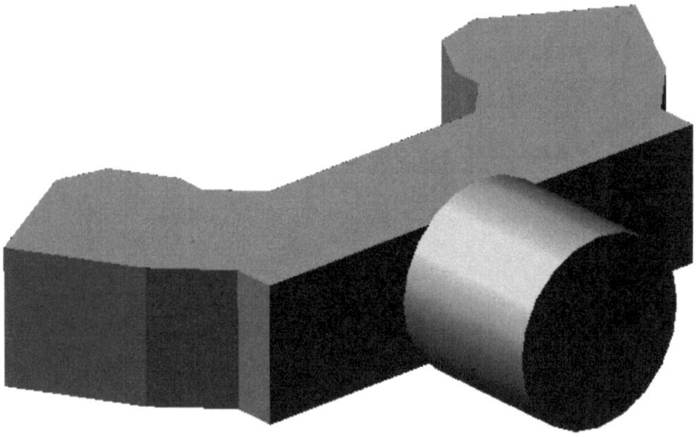

图 3-1 展开机构铰接头建模示意图

(b) 柔性部件

柔性部件是指需要在运动过程中考虑其变形的部件。展开机构的纵杆以及横架内的横杆均需要作为柔性部件进行处理。

在展开机构的虚拟样机模型中，对展开机构纵杆和横杆等柔性部件采用离散柔性梁的方式进行模拟。柔性梁是一种虚拟梁，主要特征是用一对作用力和反作用力表征两个刚体部件之间的相互作用。建模时，将一个柔性部件分成若干段刚体离散件，在这些刚体离散件之间采用柔性梁连接。刚体离散件主要体现柔性部件的质量特性，柔性梁两端位于相邻刚体离散件的质心，表征柔性部件的变形特征，如图 3-2 所示。

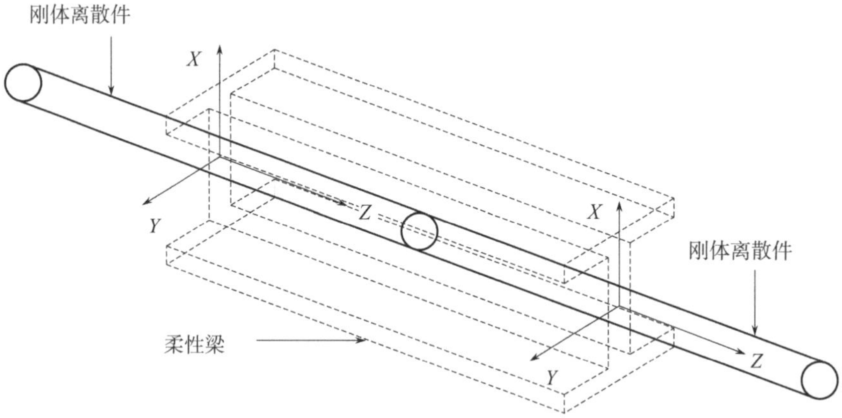

图 3-2 离散柔性梁建模示意图

对纵杆和横杆分别进行离散化处理，其中，每一节纵杆离散为 10 等份，每一根横杆离散为 8 等份，并采用柔性梁进行离散件之间的连接，如图 3-3 所示。

(c) 约束

虚拟样机模型是由多个部件组成的，各个部件之间依靠各种约束进行连接。将这种一个部件限制另一个部件运动的关系称为约束。

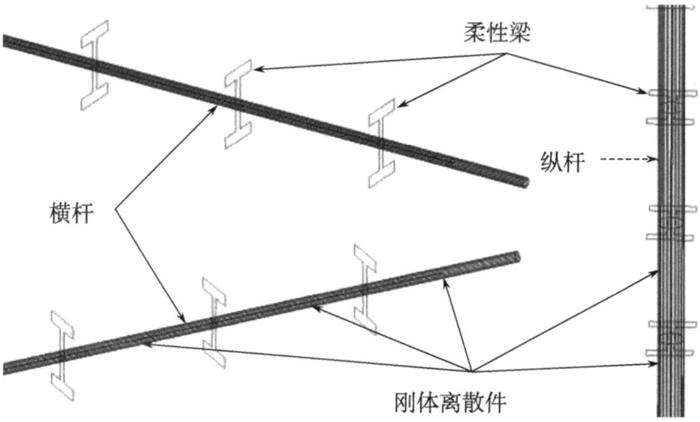

图 3 - 3　展开机构纵杆和横杆柔性部件建模示意图

在展开机构中，横架的横杆与 V 型件之间、V 型件与转接件之间、转接件与纵杆之间均存在约束关系，按照不同的自由度可以用不同的运动副来替代，如旋转副、固定副、圆柱副等。

(d) 力

柔性拉索作为一种柔性极大的部件，采用离散柔性梁方法来模拟时误差较大。利用其只能受拉不能受压的特征，对模型中的柔性拉索用一对沿拉索轴向的虚拟作用力和反作用力来模拟。

展开机构模型中的对角加劲索和阻尼拉索均采用这种方式模拟，其中，对角加劲索建模示意图如图 3 - 4 所示。

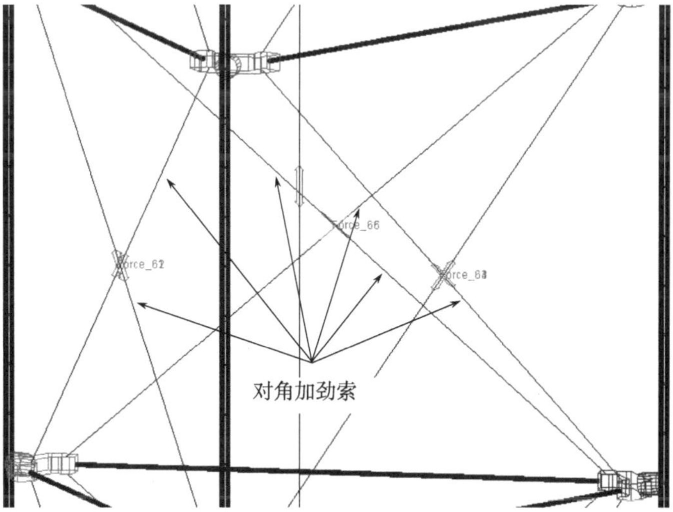

图 3 - 4　展开机构对角加劲索建模示意图

(e) 宏命令建模

以搭载亚太一号在轨验证的被动式盘绕展开机构为例，采用上述假设和近似处理，利用 ADAMS 宏命令二次开发进行建模，所得 22 节展开机构模型包括 V 型件 69 个、转接件 69 个、横杆 69 个、对角加劲索作用力 66 对，展开机构样机有限元模型如图 3－5 所示。

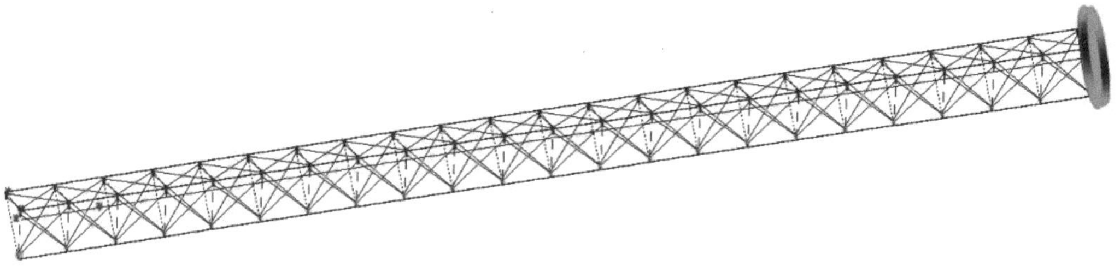

图 3－5　展开机构样机有限元模型

(2) 展开机构展开动力学仿真计算

在 ADAMS 环境下，对展开机构虚拟样机进行仿真，仿真内容包括匀速展开仿真和阻尼展开仿真。

(a) 匀速展开仿真

匀速展开仿真，即采用匀速释放展开机构进行动力学仿真的情况。仿真时，展开机构顶端速度为恒定值。这种匀速展开能够有效地考察展开机构的展开，特别是逐层展开时的周期性特点，以及顶部角速度等动力学参数在展开过程中的变化特点。

图 3－6 给出了释放速度为 27 mm/s 时展开机构的动力学特征。可以看出，22 节展开机构模型的展开总时间为 70.2 s，其中，顶端旋转角速度与拉索拉力均呈周期性变化，这一点是展开机构逐层展开的重要特征。随着展开机构逐层展开，纵杆由收拢状态依次伸直，并推动机构顶端沿直线运动，同时伴随有顶端的旋转。由图 3－6 可知，拉索拉力的平均值为 18.49 N，顶端旋转角速度变化幅度较大，其范围约为－165.1～195.9 (°) /s。

可以注意到，同一个周期中旋转角速度的峰值更为明显，而拉索拉力的变化则较为平稳，这说明展开机构展开时对于顶端的冲击主要来自周向而非轴向。而旋转角速度在后期的周期性变化中，数值的振荡特性越来越明显，即随着展开长度的增加，展开机构整体的扭转刚度逐步降低。

考察仿真释放速度较快 (88 mm/s) 时的机构展开特性，22 节展开机构的展开总时间为 21.7 s，如图 3－7 所示，其顶端角速度与拉索拉力同样呈周期性变化。将两种展开速度下的展开机构特性曲线进行对比，忽略展开机构在展开初期和末期的不均匀性，取中间段进行分析，其拉索拉力和顶端旋转角速度变化范围如表 3－1 所示。随着展开速度的变快，展开过程中对展开机构顶端的冲击，尤其是周向冲击逐渐增大，这在实际应用中是需要尽量避免的。

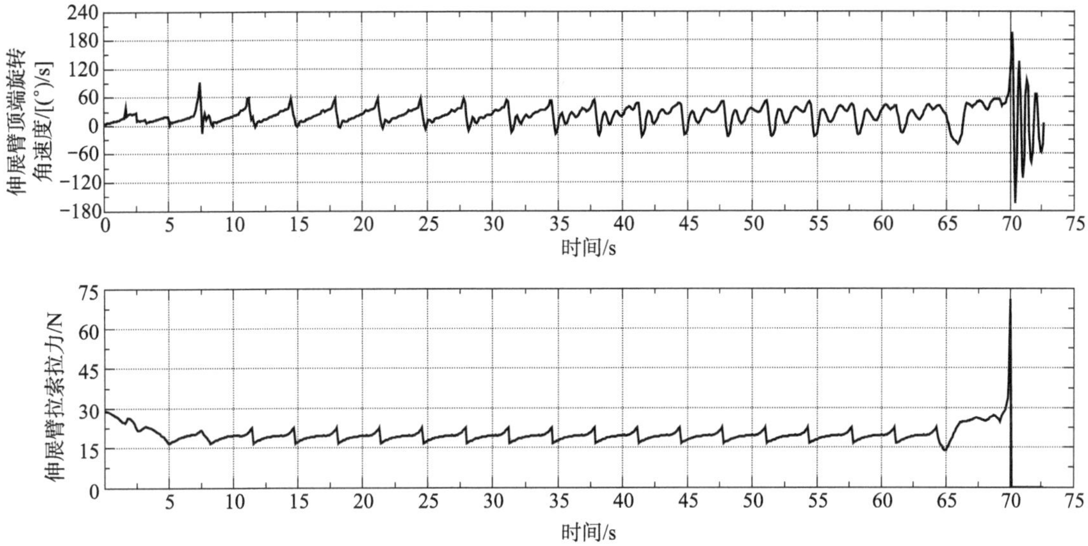

图 3-6　展开机构有限元仿真的展开动力学特性（27 mm/s）

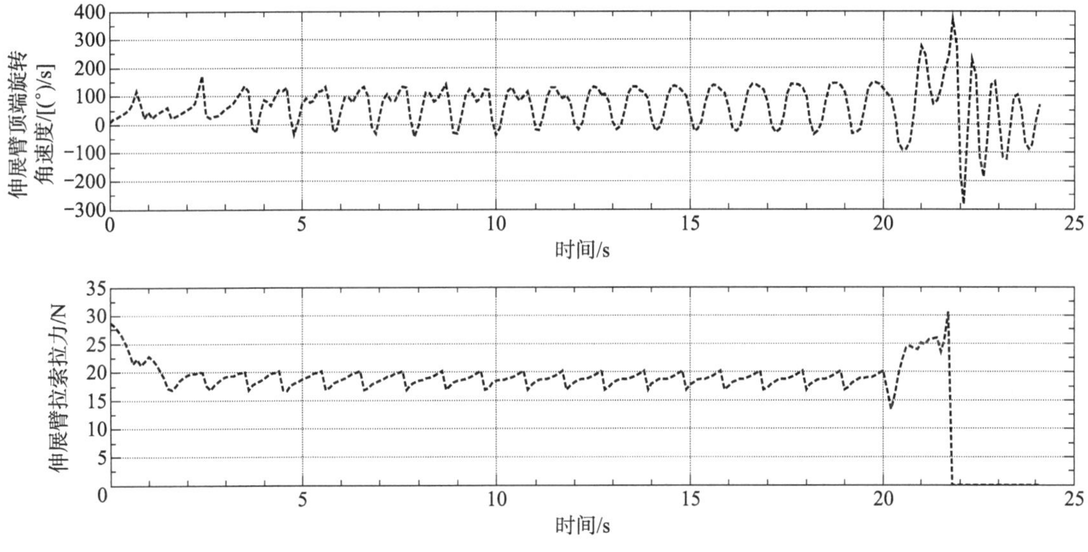

图 3-7　展开机构有限元仿真展开动力学特性（88 mm/s）

表 3-1　不同释放速度条件下展开机构的展开动力学参数对比

序号	释放速度/(mm/s)	拉索拉力平均值/N	顶端旋转角速度/[(°)/s]
1	27	19.13	−23.77～58.85
2	88	18.68	−42.91～144.07

可以看出，当释放速度较快时，展开机构顶端旋转角速度变化幅值也较大。这是因为展开机构的展开过程是纵杆由盘绕状态转化为收拢状态的运动，因此，展开机构的展开轴

向速度和顶端旋转角速度可以看作过渡段纵杆微元 ΔL 由盘绕状态转化为收拢状态时的展开速度 $\boldsymbol{V}_{\Delta,\ \mathrm{deploy}}$ 沿机构轴向分量 $\boldsymbol{V}_{\Delta,\ \mathrm{axis}}$ 和周向分量 $\boldsymbol{V}_{\Delta,\ \mathrm{circle}}$ 的分别叠加，如图 3－8 所示。进一步地，当展开机构展开速度不同时，顶端旋转角速度和展开轴向速度变化趋势是一致的。

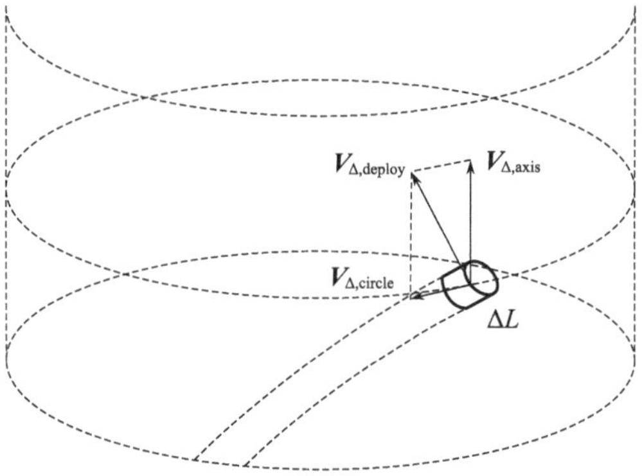

图 3－8　展开机构纵杆微元展开运动学分析

但在仿真中，拉索拉力的变化幅值比释放速度慢时有所减小。这一点可以利用能量原理来进行解释。展开机构的展开可以认定为机构内部纵杆、横架储存的应变能克服拉索拉力做功，并最终转化为顶端的转动动能、机构沿轴向的平动动能的过程。当电机释放速度较快时，顶端转动动能和轴向平动动能均增加，克服拉索拉力做功减少，在展开长度恒定的条件下，即克服拉索拉力做功的距离保持不变，拉索拉力会变小。

（b）阻尼展开仿真

阻尼展开仿真是在拉索释放的同时，在展开机构顶端沿纵向增加一个与展开速度方向相反的阻尼作用力，力的大小与展开速度成反比。这种阻尼展开能够有效地模拟展开机构在轨展开释放的旋转阻尼效果。

设定展开机构模型中沿展开轴向的阻尼系数为 0.4 N/(mm/s)，其展开动力学特性曲线如图 3－9 所示。与匀速释放展开类似，22 节展开机构模型的展开总时间为 40.3 s，仍然表现出明显的逐层展开周期性特征。其中，拉索拉力的平均值为 18.92 N，顶端旋转角速度变化幅度较大，其范围约为 －237.2 ～ 320.8(°)/s。拉索拉力与旋转角速度的变化特征与匀速展开仿真类似，即拉索拉力的变化较为平稳，旋转角速度的变化则较为剧烈，且随着展开机构逐层展开，顶端角速度呈震荡变化。

考察阻尼系数较大时的机构展开特性，设定阻尼系数为 1.0 N/(mm/s)，22 节展开机构的展开总时间为 100.2 s，如图 3－10 所示。将两种展开速度下的展开特性曲线进行对比，仍然取数值变化较均匀的中间段进行分析，其拉索拉力和顶端旋转角速度变化范围如表 3－2 所示。可以看出，若展开轴向阻尼系数偏小，展开结果存在旋转角速度变化范围偏大，拉索拉力偏小的情况，原因可参照上一小节对展开动力学参数的分析。由表 3－2 中结果可知，阻尼系数越大，对展开机构顶端的周向冲击越小，这也是实际应用中希望得到的设计效果。但阻尼系数的大小涉及阻尼器的选型，且对温度变化较为敏感，因此需要在实际试验中确定。

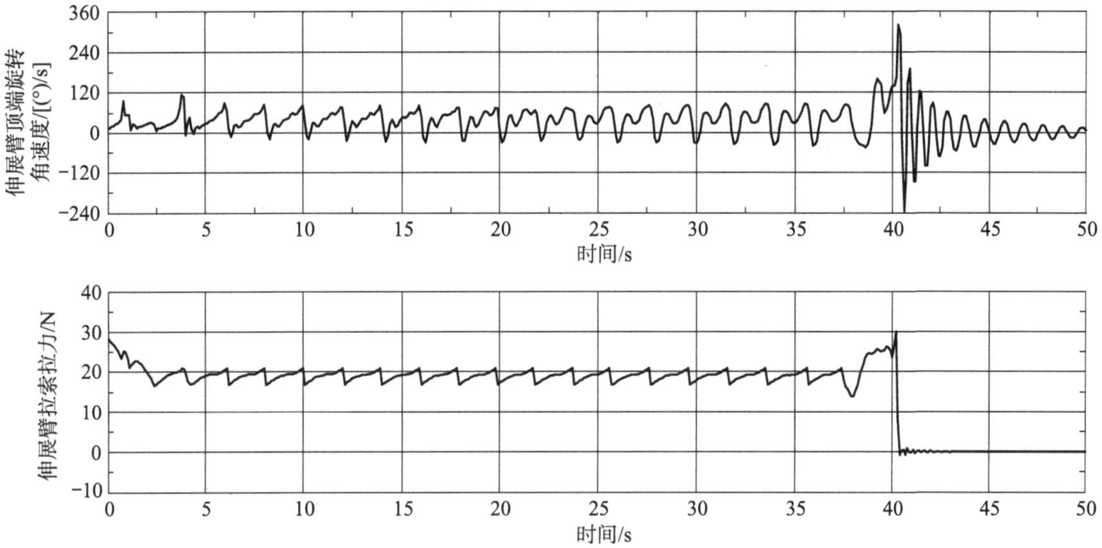

图 3-9　展开机构有限元仿真展开动力学特性［阻尼系数为 0.4 N/（mm/s）］

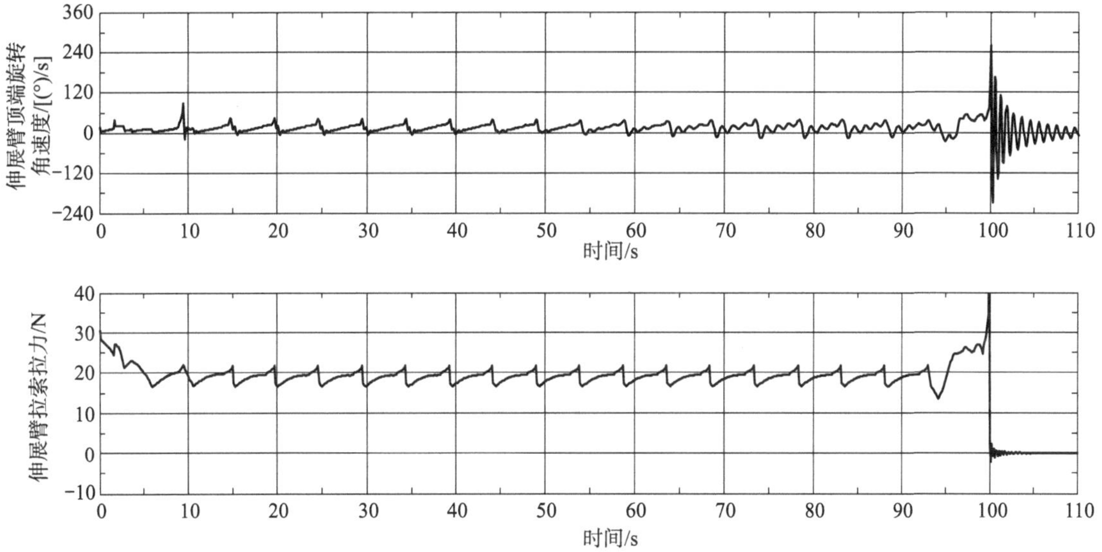

图 3-10　展开机构有限元仿真展开动力学特性［阻尼系数为 1.0 N/（mm/s）］

表 3-2　不同仿真阻尼系数条件下展开机构展开动力学参数对比

序号	阻尼系数/[N/(mm/s)]	拉索拉力平均值/N	顶端旋转角速度/[(°)/s]
1	0.4	18.92	−39.54～88.51
2	1.0	19.17	−15.69～43.79

（c）对角加劲索预紧力的影响

展开机构在展开时主要利用对角加劲索的限位功能与纵杆、横架形成几何位移协调，从而完成展开机构组件之间的能量转换，并实现展开机构的一维展开。对角加劲索的预紧力可以用来在小范围内改变初始状态下纵杆和横架之间的力学状态，从而对后续的展开特性进行调整。

同样以经过在轨验证的 22 节展开机构为例，可以计算得出，无预紧力状态下对角加劲索长度为 140.97 mm。因此，分别设定加劲索长度为 141 mm 和 140 mm，此时加劲索预紧力分别为 0 N 和 410 N，对应的展开机构局部几何形态如图 3-11 所示。

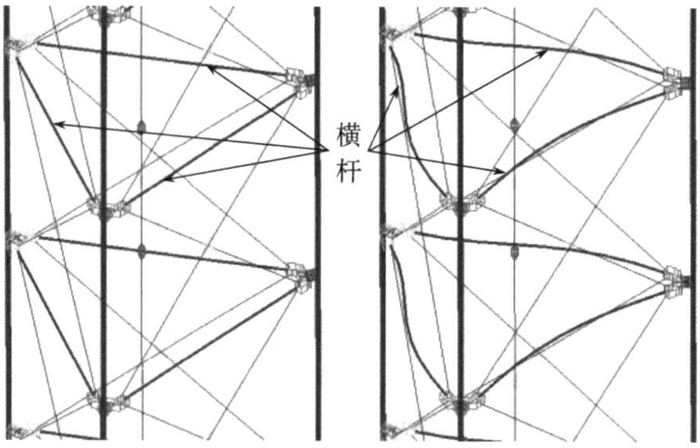

图 3-11　不同预紧力条件下展开机构几何形态对比

采用 27 mm/s 匀速展开的方式对处于不同预紧力条件下的模型分别进行仿真模拟，结果如图 3-12 所示。此时，展开机构的展开仍具备周期性特点，但展开动力学特征出现了一定的变化。对角加劲索预紧力的大小并不影响展开机构的展开时长和展开周期性，但对展开机构的冲击有一定的影响，尤其是对顶端旋转角速度的变化。依然取数值变化较均匀的中间段进行分析，其拉索拉力和顶端旋转角速度变化范围如表 3-3 所示，在平稳展开阶段加劲索预紧力越大，展开机构在展开时对顶部的周向冲击越小。

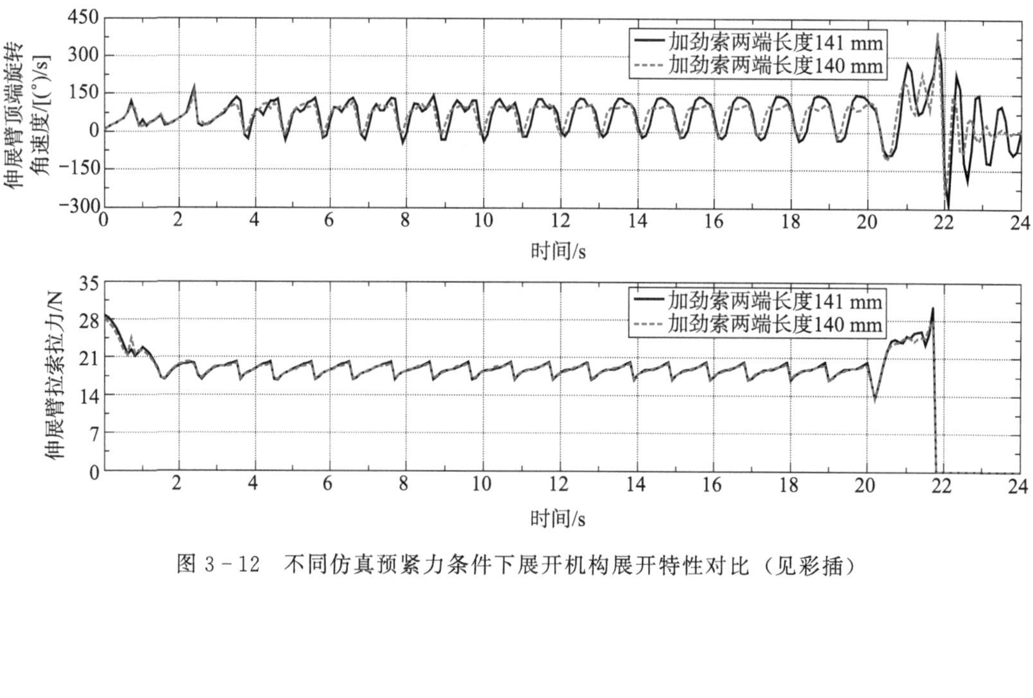

图 3-12　不同仿真预紧力条件下展开机构展开特性对比（见彩插）

表 3-3　不同仿真预紧力条件下展开机构展开动力学参数对比

序号	加劲索预紧力/N	拉索拉力平均值/N	顶端旋转角速度/[(°)/s]
1	0	18.68	−42.91～144.07
2	410	18.63	−19.85～117.48

3.1.2　展后动力学建模

(1) 盘绕展开机构展后动力学模型

对于传统的桁架结构来说，其杆系结构通常具有较高的刚度，并且彼此间通常采用铰链进行连接。在有限元模型中，桁架结构中的杆系通常采用杆单元或梁单元进行建模，连接铰链则采用集中质点进行建模。被动式盘绕展开机构在展开后可被视为一类特殊的桁架结构。然而，与刚度较高的传统桁架结构不同，盘绕展开机构具有更大的柔性，并且具有铰链、对角加劲索等具有非线性力学性能的部件，这使得盘绕展开机构的建模问题更加复杂。

(a) “双质量点-变旋转刚度”铰链模型

铰链是盘绕展开机构的重要部件，用于连接展开机构的纵杆、横杆和对角加劲索。每个铰链都提供旋转自由度，这是盘绕展开机构正常展开和收拢所必需的。典型的盘绕展开机构铰链如图 3-13 所示，它由 A 和 B 两个可以相对转动的部件组成。其中，部件 A 与横杆和对角加劲索固连，部件 B 与纵杆固连，中心螺钉和中心孔形成一个旋转副，为部件 A 和 B 提供一个旋转自由度。

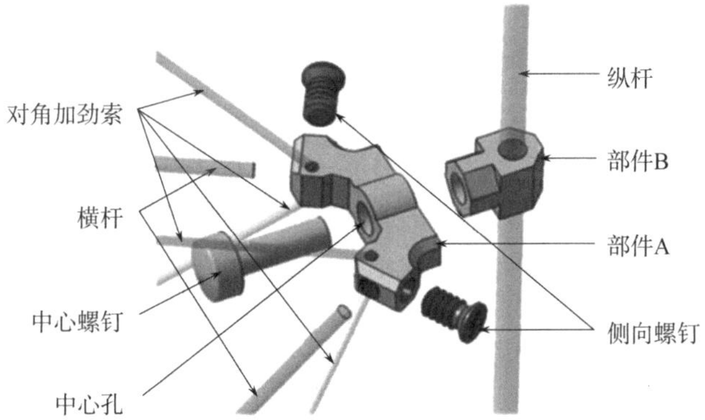

图 3-13　盘绕展开机构的典型铰链

与刚性铰链相比，盘绕展开机构的旋转铰链会降低结构的刚度，但这并不意味着铰链的转动完全是没有刚度的自由转动。由于铰链间隙的存在，旋转铰链的两部件在对角加劲索的预载荷作用下存在着复杂的接触和摩擦关系，这对于铰链旋转存在阻碍作用。这里考虑用铰链两部件之间的旋转刚度指标 K 来等效这种阻碍作用对盘绕展开机构旋转铰链建模的影响，这是一种对展开机构铰链复杂、不确定非线性问题的线性简化方法。

因此，将盘绕展开机构铰链建为如图 3-14 所示的“双质量点-变旋转刚度”模型。该模型具有以下三个特点：

1）将传统的单个集中质量点改为双质量点，其质量为旋转铰链相对两运动部件的实际质量，两个质量点之间的距离等于铰链两部件之间的质心距离。

2）在铰链的两个质量点之间建立一个沿两个质量点连线方向的旋转连接器，允许两个质量点发生单自由度相对旋转运动。

3）将旋转连接器的旋转刚度设为待定参数 K，该参数表征了盘绕展开机构中铰链的实际旋转刚度，需要通过试验法进行辨识。自由旋转时，旋转刚度 K 为 0，忽略旋转时趋于正无穷。

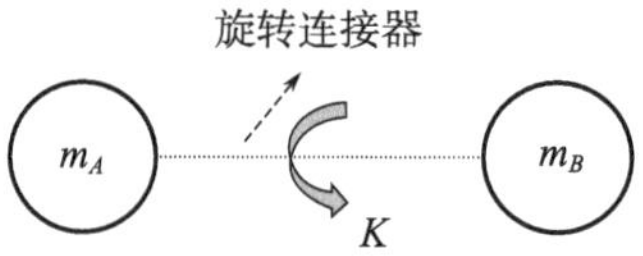

图 3-14 “双质量点-变旋转刚度”铰链模型

（b）盘绕展开机构的其他非线性部件模型

除旋转铰链外，盘绕展开机构还包含其他具有非线性力学性能的部件，即纵杆、横杆和对角加劲索。与传统桁架结构一样，纵杆和横杆可以用杆单元或梁单元进行建模。然而，由于纵杆和横杆与传统桁架结构相比具有更大的柔性，因此在外部载荷作用下纵杆和横杆容易发生几何大变形，从而不满足小变形的线性假设。这种几何大变形的影响可以通过在有限元软件中打开几何大变形开关来进行考虑。对角加劲索通常具有较大的拉伸刚度，但与传统桁架结构不同的是，其只能承受拉载荷而无法承受压载荷。可将对角加劲索的这一特性考虑为材料非线性问题，即材料具有非线性本构关系：其拉应力随拉应变线性变化，而压应力始终保持为 0。此外，盘绕展开机构的对角加劲索中还存在预紧力，对预紧力的建模也影响着盘绕展开机构模型的精度。初始应力法是在模型中施加预紧力的最直接方法，通过在对角加劲索上加入初始应力场来实现。当已知对角加劲索的初始预紧力 L_{ini}（装配对角加劲索时施加的张力）时，其初始应力值满足：$\sigma_{\text{ini}}=L_{\text{ini}}/S_{\text{diag}}$，其中，$S_{\text{diag}}$ 为对角加劲索的横截面积。因此，可以得到如图 3-15 所示的对角加劲索应力-应变关系。

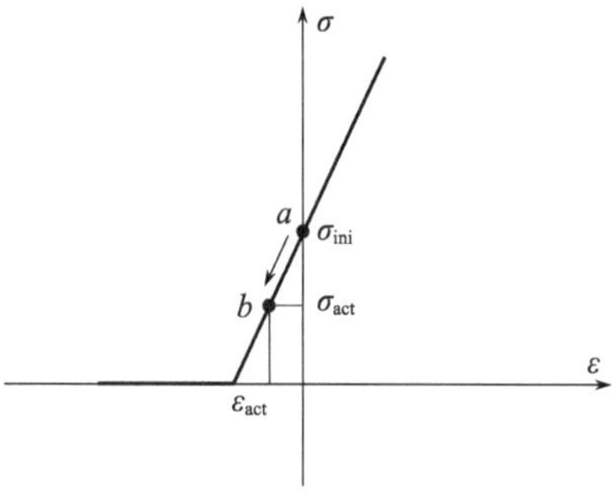

图 3-15 对角加劲索应力-应变关系

图 3 - 15 中的 a 点表示初始预紧力下对角加劲索的应力值，不等于盘绕展开机构装配后对角加劲索的实际应力。为了获得盘绕展开机构的真实模型，需要在初始模型建立后，对盘绕展开机构进行再平衡计算。再平衡计算采用静力分析方法，模拟了盘绕展开机构从装配工具上拆下后对角加劲索的预紧过程，对应图 3 - 15 中从 a 点到 b 点的过程，b 点对应的模型为盘绕展开机构的真实模型。对角加劲索中的实际应力和应变分别为 σ_{act} 和 ε_{act} 。

(2) 盘绕展开机构模型参数辨识

在上述提出的“双质量点-变旋转刚度”铰链模型中，铰链旋转刚度 K 为待定参数，因此需要确定其值才能完成盘绕展开机构的建模。

(a) 铰链旋转刚度辨识

铰链旋转刚度 K 是铰链转动时复杂接触摩擦条件的综合反映，其取值与铰链转动部件之间的实际接触条件、铰链尺寸、对角加劲索预紧力和盘绕展开机构的构型尺寸有关，难以直接确定，基于试验法可对铰链旋转刚度进行辨识。锤击试验法是一种快速方便的结构试验模态分析方法，在工程中应用广泛。但由于全长盘绕展开机构一般较长，直接锤击的复杂度依旧很高。面对这一问题，可通过对缩比试验对象进行锤击试验来替代全长机构的试验，即只对包含部分节段的盘绕展开机构样本进行锤击试验。缩比试验对象的节段数量不能过多或过少，过多会使得缩比试验失去意义，而过少会使得缩比试验对象无法表征全长对象的全部特点。虽然盘绕展开机构是以单节为基本单元的阵列结构，但由于单节展开机构无法反映节与节之间的相互作用，因此选取 2 节盘绕展开机构作为缩比试验对象，如图 3 - 16 所示。除节段数外，其尺寸、对角加劲索预紧力和边界条件均与全长盘绕展开机构完全一致。这样就可以通过 2 节段盘绕展开机构的锤击试验来识别铰链的旋转刚度 K， 然后将识别结果代入盘绕展开机构的全长模型。

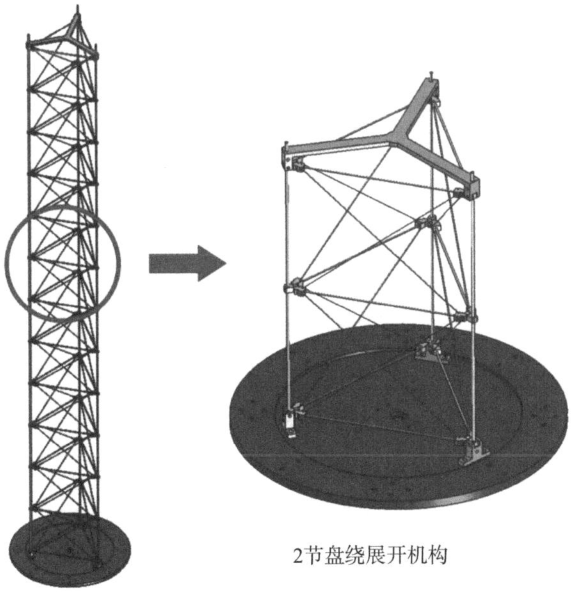

图 3 - 16　盘绕展开机构的缩比试验对象

参数识别流程如图 3-17 所示。具体步骤如下：

步骤 1：给出旋转刚度 K 的取值范围，构造 K 的样本。

步骤 2：建立盘绕展开机构 2 节缩比模型，依次计算不同 K 值下模型的频率响应，得到其固有频率。

步骤 3：将计算出的固有频率与试验结果比较，确定铰链的旋转刚度 K。

步骤 4：将步骤 3 中得到的旋转刚度 K 代入到全长模型中，计算全长模型的固有频率。

步骤 5：将全长模型固有频率与全长机构试验结果比较，验证辨识方法的有效性。

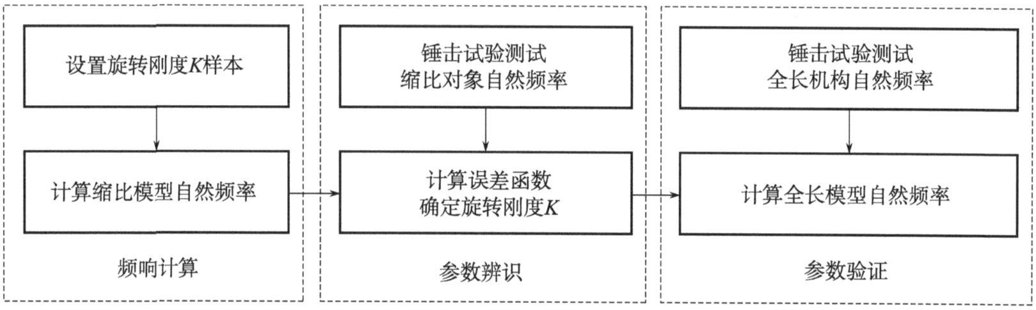

图 3-17　旋转刚度 K 辨识流程

在对比计算和试验结果时，选取前两阶固有频率作为目标响应来辨识铰链的旋转刚度 K。根据试验和仿真结果发现，前两阶模态分别近似一阶扭转模态和一阶弯曲模态。考虑到这两种模态是盘绕展开机构的主要模态，如果模型的前两阶模态的固有频率与试验结果一致性较高，则可以认为模型的准确性较高。定义以下误差函数来衡量计算结果与试验结果之间的误差：

$$e=\alpha\left|f_t-F_t\right|+\beta\left|f_b-F_b\right| \tag{3-1}$$

式中　f_t 和 F_t ——一阶扭转频率的计算和试验结果；

f_b 和 F_b ——一阶弯曲频率的计算和试验结果；

α 和 β ——误差函数中一阶、二阶频率误差所占的比例，满足 $\alpha+\beta=1$。

当误差最小时，得到铰链对应的旋转刚度 K。

(b) 基于虚拟锤击试验的频响分析

在对模型旋转刚度 K 进行辨识的过程中，需要对盘绕展开机构的缩比模型和全长模型进行频响分析，以获得模型的固有频率。由于纵杆和横杆的几何大变形以及对角加劲索的不规则松弛，盘绕展开机构的结构刚度发生变化。因此，基于固定刚度的特征值分析方法无法准确分析盘绕展开机构的固有频率。时域响应分析结合快速傅里叶变换（Fast Fourier Transform，FFT）技术可以有效处理变刚度结构的频响分析问题。根据锤击试验的原理和过程，可采用一种虚拟锤击试验方法（Virtual Hammer Test，VHT）来获取模型的频率响应。频响分析流程如图 3-18 所示，具体步骤如下：

步骤 1：利用有限元软件中的显式动力分析方法计算锤击过程的时域响应。VHT 中的激励力信号根据锤击试验中的真实激励力进行配置，然后将激励力施加到模型中的激励点上，得到测点的加速度响应。与锤击试验中的多输入-单输出（Multiple Inputs Single Output，MISO）不同，VHT 采用单激励-多输出（Single Input Multiple Outputs，SIMO）分析方法。这两种方法在频响分析中是等效的，但 SIMO 方法只需要进行一次结构分析，计算效率更高。

步骤 2：利用有限元软件计算得到的激励和响应信号，求解频响函数。频响函数定义为加速度响应 $A_i(\omega)$ 与激励 $P_j(\omega)$ 的幅值之比，即 $R_{ij}(\omega)=A_i(\omega)/P_j(\omega)$，其中，$\omega$ 为激励频率，$A_i(\omega)$ 和 $P_j(\omega)$ 为 $a_i(t)$ 和 $p_j(t)$ 的傅里叶变换。$a_i(t)$ 和 $p_j(t)$ 分别为响应和激励的时域信号。

步骤 3：用图形法确定固有频率。图形法利用频响函数曲线的特性直接识别固有频率。为避免单一频响函数的专一性，SIMO 方法对每个响应点对应的频响函数取平均，即 $R_j(\omega)=\sum_{i=1}^{n}R_{ij}(\omega)$，其中 n 为响应点个数。然后绘制频响函数曲线，确定其峰值对应的频率为固有频率。

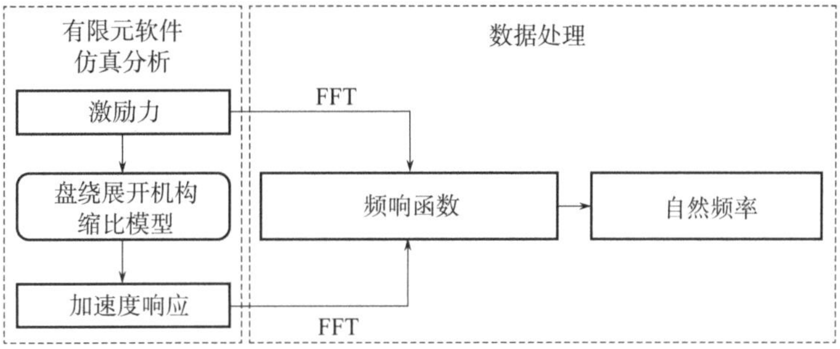

图 3-18　频响分析流程

（3）盘绕展开机构建模实例

基于 ABAQUS 软件对某具有实际工程应用的空间被动式盘绕展开机构进行建模和模态分析，其具体技术参数如表 3-4 所示。

表 3-4　展开机构技术参数

指标	取值
盘绕半径 R/mm	100
节距 t/mm	125
纵杆直径 d_l/mm	3
横杆直径 d_b/mm	1.8
节距 n	12
对角加劲索截面积 S_{diag}/mm^2	0.79
对角加劲索初始预紧力 L_{ini}/N	20
铰链质量 m_A 和 m_B	m_A 为 2 g 和 m_B 为 1.1 g

续表

指标	取值
纵杆和横杆材料	钛镍合金
纵杆和横杆弹性模量 E /GPa	83
纵杆和横杆泊松比 μ	0.31

(a) 盘绕展开机构锤击试验

在建模和参数识别之前，需要对 2 段可卷曲桅杆进行锤击试验测量盘绕展开机构的模态。锤击试验针对 2 节展开机构（缩比试验对象）进行，除节数外其余技术参数与全长展开机构一致，试验原理图和实物图分别如图 3－19 和图 3－20 所示。锤击试验使用的设备包括一个力锤、一个加速度计、两个电荷放大器和一台计算机。力传感器安装在力锤的头部，用于测量脉冲激励信号，加速度计安装在顶部，用于测量锤击激励下的响应信号。通过两个电荷放大器分别将激励信号和响应信号输入计算机，可计算出 2 节展开机构的频率响应曲线，进而得到结构模态。

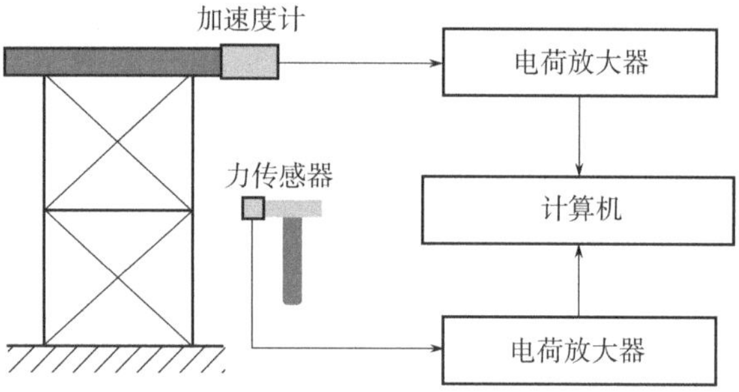

图 3－19　锤击试验原理图

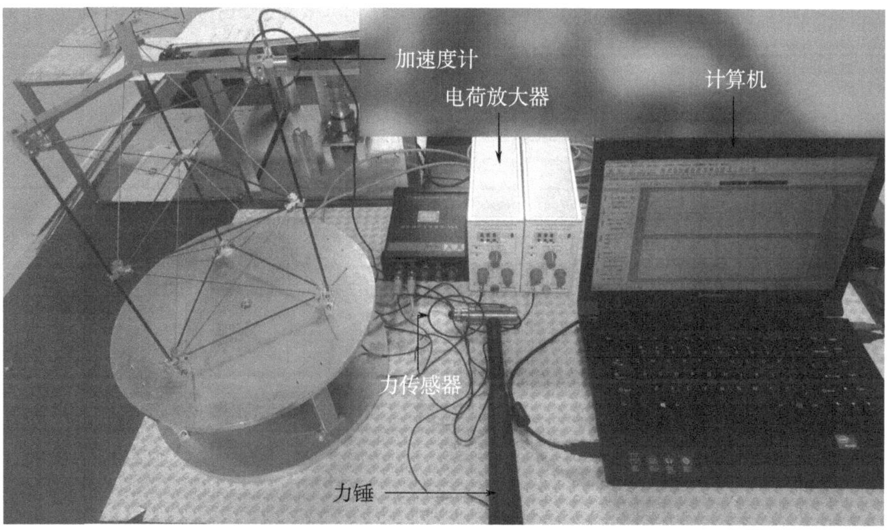

图 3－20　锤击试验实物图（2 节）

在锤击试验中，由于难以测量一个激励下所有节点的加速度响应，所以采用了 MISO 方法。将除底部 3 个铰链外的每个铰链视为一个节点，并在每个节点上设置径向和切向两个测量点。为避免单一激励的特殊性，在每个测点处进行三次锤击激励，取响应平均值作为该测点的响应。之后计算每组激励和响应信号的传递函数，并将不同测点的传递函数求平均值，即可得到 2 节展开机构的频率响应，如图 3－21 所示。可以发现，2 节展开机构的前两个频率峰值很明显，对应的频率分别为 58 Hz 和 69 Hz，对应模态分别为 1 阶扭转和 1 阶弯曲。这两个固有频率将作为目标响应用于后续参数辨识。

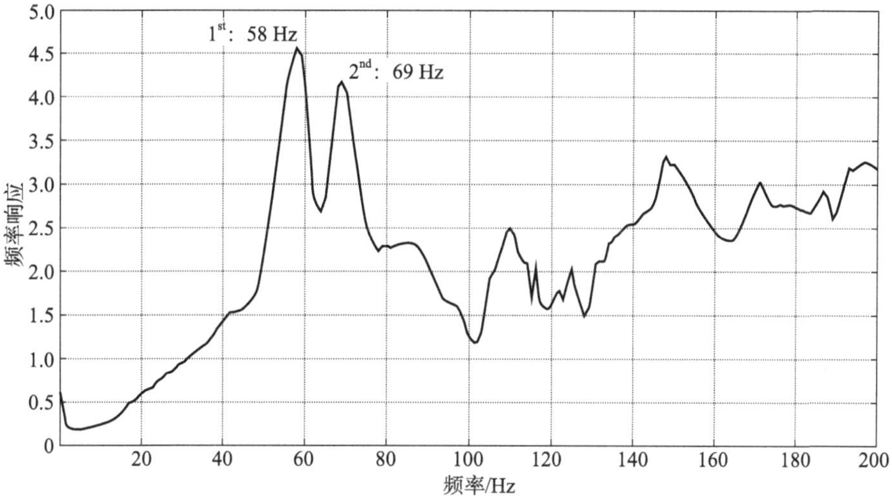

图 3－21　2 节展开机构的频率响应（测试）

（b）建模与参数辨识

根据本节所介绍的建模方法，建立展开机构缩比模型（2 节），如图 3－22 所示。图（a）和图（b）分别为展开机构对角加劲索预紧分析前后的应力状态。可以看到预紧分析后，对角加劲索预紧力从 40 N 变化到 27.5 N 左右，不同节段对角加劲索的预紧力具有较高的一致性。后续的频响分析以图（b）所示的预紧后展开机构模型为对象。

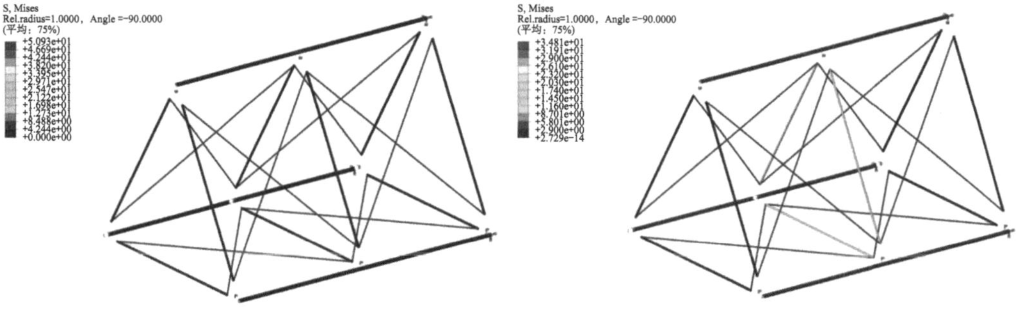

(a) 对角加劲索预紧分析前应力云图　(b) 对角加劲索预紧分析后应力云图

图 3－22　展开机构缩比模型（见彩插）

然后，选择铰链旋转刚度 K 的取值范围并构建 K 的样本点。这里取 K 的范围为 100～5 000 N·mm/rad，这是一个可以保证真实值落在其中的较大范围。在样本点选取上，可构建一个包含 50 个样本点的线性空间，间隔设为 100 N·mm/rad，这使我们能够均匀地评估 K 值对响应的影响。同时，50 个样本点的维度可以平衡响应曲线的求解效率和拟合精度。基于自主开发的 MATLAB－Python－ABAQUS 联合仿真平台，对不同 K 值的模型进行了自动建模和频响分析。根据频响曲线，找到了不同 K 值对应的前两节模态频率。用最小二乘法拟合前两阶频率，可得到前两阶频率相对 K 值的变化曲线，如图 3－23 所示。可以看出，一阶和二阶频率随着铰链转动刚度 K 的增加呈增加趋势，其中一阶频率随着 K 值的增加逐渐趋于稳定，二阶频率呈持续增加的趋势。根据公式（3－1），取 α 和 β 为 0.5，F_t 和 F_b 分别为 58 Hz 和 69 Hz，可以计算并绘制如图 3－23 所示的误差函数曲线。

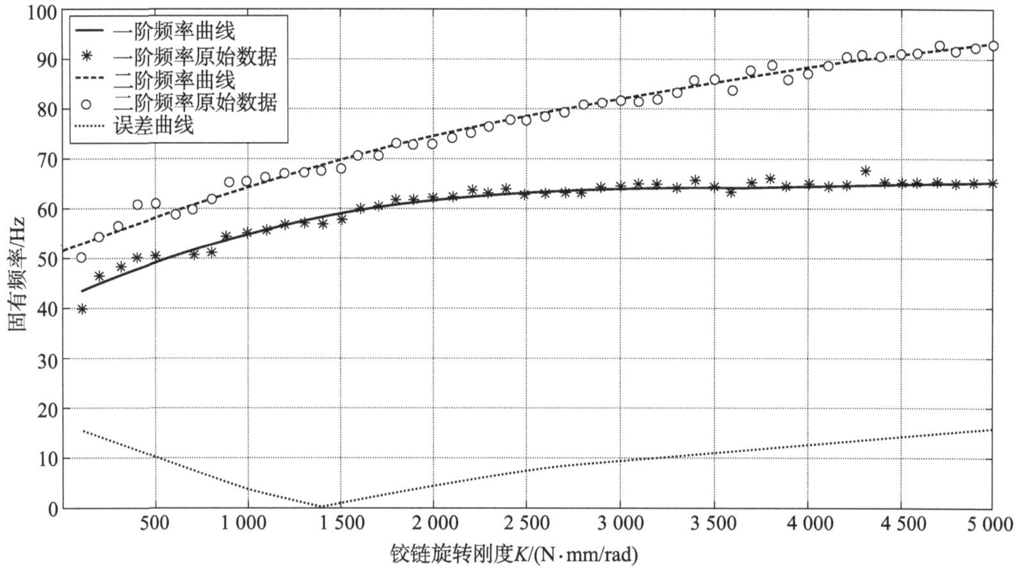

图 3－23　固有频率随 K 值的曲线

可以看出，误差曲线在 K 的取值范围内存在一个极小值点，该点对应 K 值为 1 420 N·mm/rad，对应的误差函数值为 0.75 Hz。取 K 为 1 420 N·mm/rad 并进行重新建模和频响分析，将计算的频响曲线与试验曲线进行对比，如图 3－24 所示。可以发现，前两阶固有频率的分析结果与试验结果非常接近，计算出的前两阶固有频率的相对误差分别为 1.09％和 1.26％。图中分析曲线的峰值高于试验曲线的主要原因是展开机构的建模和分析中忽略了结构阻尼的影响。

（c）模型检验

将铰链旋转刚度的辨识结果（K＝1 420 N·mm/rad）对全长展开机构模型进行建模，如图 3－25 所示。图（a）和（b）分别反映了对角加劲索预紧分析前后展开机构的应力状态。可以看出，对角加劲索的预紧力从 40 N 变化到 24.5 N 左右，其量级与缩比模型接近，且在不同节段间具有较高的一致性。

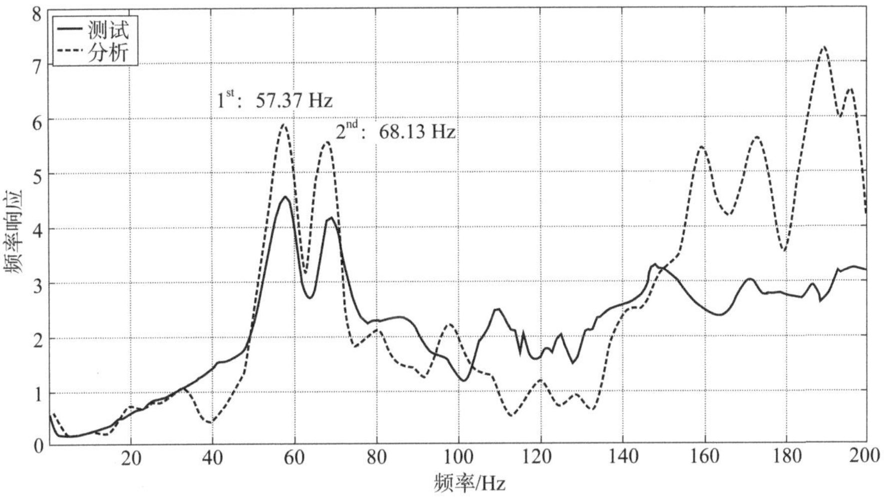

图 3-24　频率响应曲线对比（2 节，K=1 420 N · mm/rad）

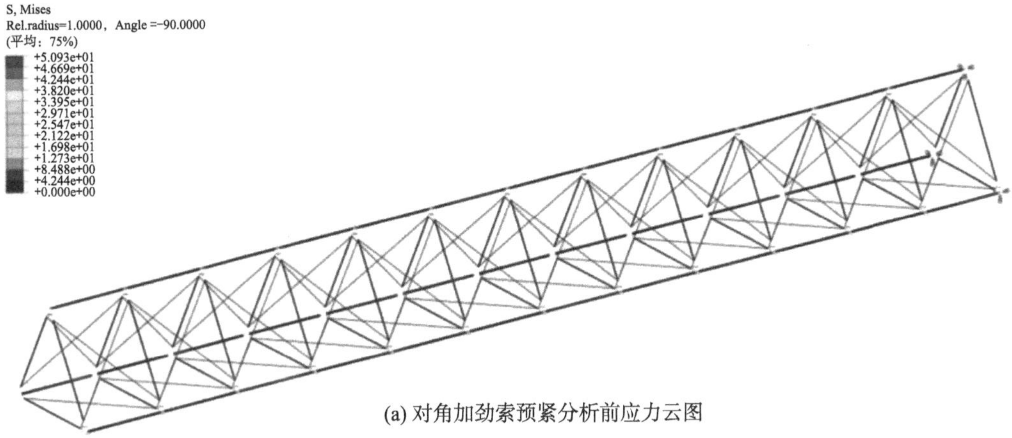

(a) 对角加劲索预紧分析前应力云图

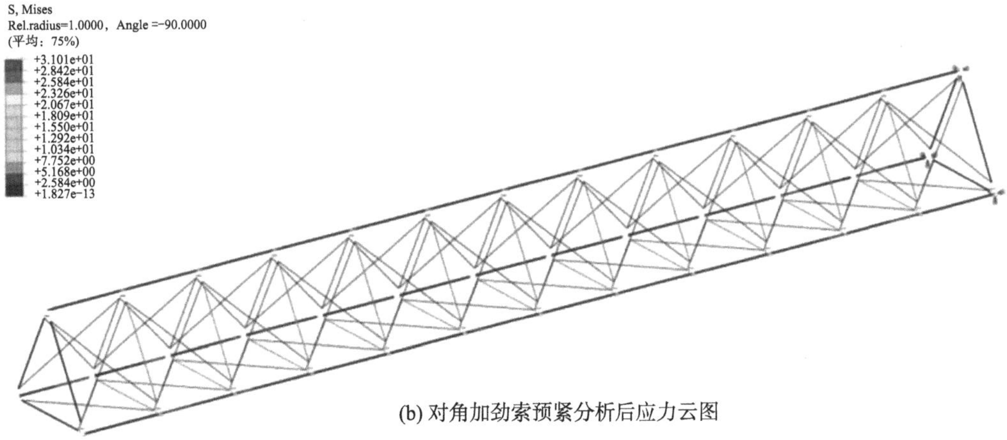

(b) 对角加劲索预紧分析后应力云图

图 3-25　展开机构全长模型（见彩插）

首先，对全长展开机构的前两阶固有频率进行测试，锤击试验的实物图如图 3－26 所示。在锤击试验中，全长展开机构的测量设备和边界条件与缩比展开机构锤击试验保持一致。试验表明，全长展开机构的前两阶固有频率测量值分别为 13 Hz 和 18 Hz。

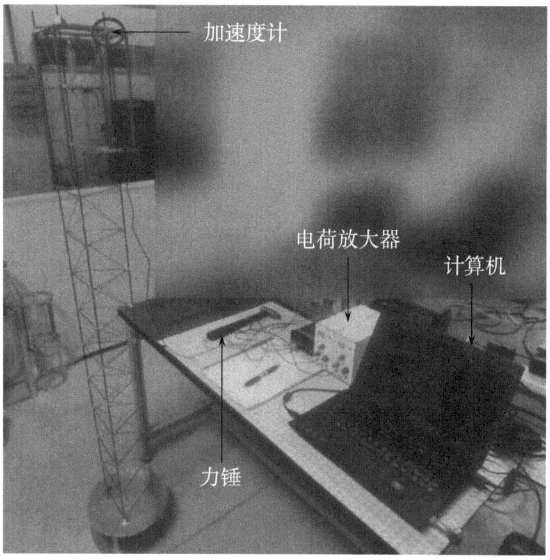

图 3－26　锤击试验实物图（全长）

随后，对预紧分析后的全长展开机构进行基于虚拟锤击法的频响分析。将分析结果与试验结果进行对比，如图 3－27 所示。全长展开机构模型的前两阶固有频率计算值分别为 13.75 Hz 和 19.13 Hz，与试验结果的相对误差分别为 5.77%和 6.28%。虽然相对误差比缩比模型大，但仍在很小范围内，说明分析结果的频响曲线与试验结果非常接近，可以验证建模和分析方法的有效性。

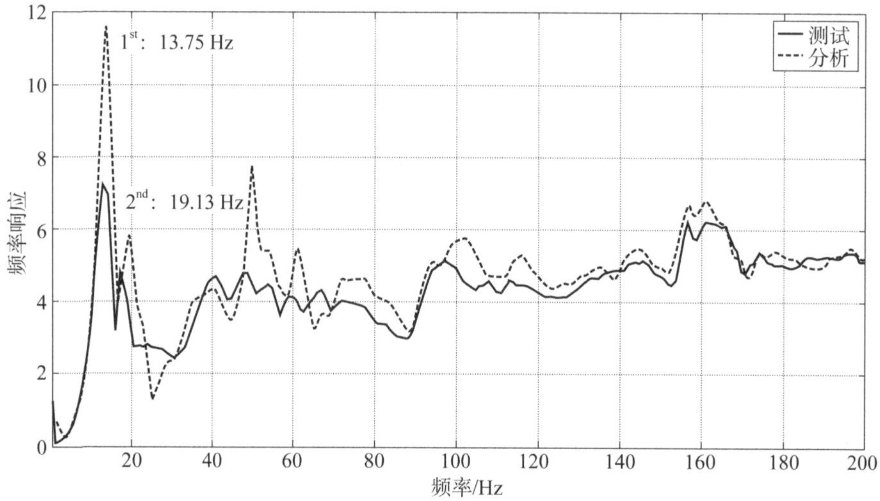

图 3－27　频率响应曲线对比（全长，$K=1\ 420$ N · mm/rad）

3.2　被动式盘绕展开机构扭转刚度非线性力学响应分析

被动式盘绕展开机构在扭转过程中出现了扭矩随扭转角非线性变化的现象，这说明被动式盘绕展开机构的扭转刚度随扭转角度变化而变化。若将盘绕展开机构视为一根可承受扭矩的连续体转轴，那么根据材料力学可知，其扭转刚度 G_J 与展开机构承受的扭矩 T 、扭转角 φ 满足：

$$\frac{\mathrm{d}\varphi}{\mathrm{d}x}=\frac{T(\varphi)}{G_J(\varphi)} \tag{3-2}$$

式中　T 和 G_J ——扭转角 φ 的函数。

等式两边积分后整理可得

$$G_J(\varphi)=\frac{T(\varphi)nt}{\varphi} \tag{3-3}$$

式中　t ——盘绕展开机构节距；

n ——盘绕展开机构节数。

只要求解出扭矩 T 和扭转角 φ 的关系 $T(\varphi)$ 即可求解出扭转刚度 G_J 与扭转角 φ 的关系 $G_J(\varphi)$ 。

考虑到盘绕展开机构是一种典型的一维阵列结构，每一节的力学特性相同，因此可认为其在顶部扭矩作用下各节的受力情况和扭转变形相同。即盘绕展开机构顶部扭矩 T 与任意单节扭矩 T_i 之间满足 $T_i=T$，顶部扭转角 φ 与任意单节扭转角 φ_i 之间满足 $\varphi_i=\frac{1}{n}\varphi$，其中 n 为盘绕展开机构的节数。因此，求解出 $T(\varphi_i)$ 即可求得 $G_J(\varphi)$ 。

3.2.1　盘绕展开机构扭转变形与受力分析

忽略盘绕展开机构铰链的几何尺寸，可得盘绕展开机构在扭转过程中单节的几何变形如图 3-28 所示。设分析对象为第 i 节，点 A、B、C 分别代表第 i 层横架的三个铰链，线段 AB、BC、AC 分别代表三根横杆。点 D、E、F 为第 $i+1$ 层横架的三个铰链，点 A'、B'、C' 分别为 A、B、C 在第 $i+1$ 层横架上的投影。设 φ_i 为第 $i+1$ 层横架相对于第 i 层横架的扭转角，t 为盘绕展开机构初始节距，h 为盘绕展开机构扭转过程中的层高，R 为盘绕半径，θ 为纵杆轴线与展开机构轴向的夹角，l 为对角加劲索长度。考虑到盘绕展开机构对角加劲索材料选用不锈钢丝，其弹性模量远大于横杆和纵杆的钛镍合金材料，可以假设盘绕展开机构在扭转过程中对角加劲索长度不变，那么有

$$l^2=t^2+3R_0^2 \tag{3-4}$$

式中　R_0——初始盘绕半径。

在直角三角形 $AA'E$ 中，$A'E$ 为对角加劲索 AE 在第 $i+1$ 层横架上的投影，因此有

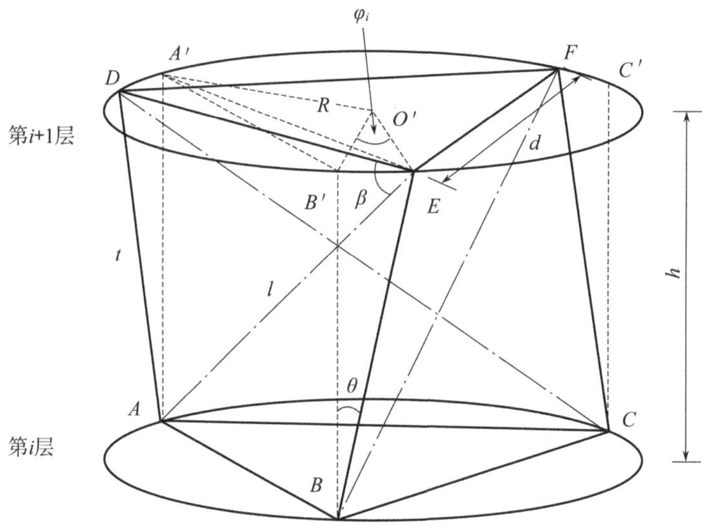

图 3-28　单节扭转几何变形

$$l^2 = h^2 + \left[2R\sin\left(\frac{\pi}{3}+\frac{\varphi_i}{2}\right)\right]^2 \tag{3-5}$$

假设在单节扭转过程中纵杆不弯曲，记三角形 $BB'E$ 中 BE 长度为 t，$h = t\cos\theta$，所以有

$$l^2 = (t\cos\theta)^2 + \left[2R\sin\left(\frac{\pi}{3}+\frac{\varphi_i}{2}\right)\right]^2 \tag{3-6}$$

在三角形 $B'O'E$ 中有 $\sin\theta = \frac{\varphi_i R}{t}$，可将上式进行转化：

$$\begin{aligned} l^2 &= (t\cos\theta)^2 + \left[2R\sin\left(\frac{\pi}{3}+\frac{\varphi_i}{2}\right)\right]^2 \\ &= t^2(1-\sin^2\theta) + \left[2R\sin\left(\frac{\pi}{3}+\frac{\varphi_i}{2}\right)\right]^2 \\ &= t^2\left(1-\frac{\varphi_i^2R^2}{t^2}\right) + \left[2R\sin\left(\frac{\pi}{3}+\frac{\varphi_i}{2}\right)\right]^2 \end{aligned} \tag{3-7}$$

整理可得

$$R^2 = \frac{l^2-t^2}{4\sin^2\left(\frac{\pi}{3}+\frac{\varphi_i}{2}\right)-\varphi_i^2} = \frac{3R_0^2}{4\sin^2\left(\frac{\pi}{3}+\frac{\varphi_i}{2}\right)-\varphi_i^2} \tag{3-8}$$

进一步基于盘绕半径 R 与横杆长度 d 的关系 $d=\sqrt{3}R$，可得横杆长度 d 与单节扭转角度 φ_i 的关系：

$$d(\varphi_i) = \sqrt{\frac{9R_0^2}{4\sin^2\left(\frac{\pi}{3}+\frac{\varphi_i}{2}\right)-\varphi_i^2}} \tag{3-9}$$

接下来，对盘绕展开机构在扭转过程中的受力情况进行分析，结合变形分析结果即可得到盘绕展开机构的扭矩计算公式。

盘绕展开机构在扭转过程中每节有 3 根对角加劲索处于张紧状态，3 根对角加劲索处于松弛状态，如图 3-29 所示，张紧的对角加劲索用虚线标出。作用在盘绕展开机构单节上的扭矩就由这三根张紧的对角加劲索承受，对角加劲索张紧力记为 F_l 。

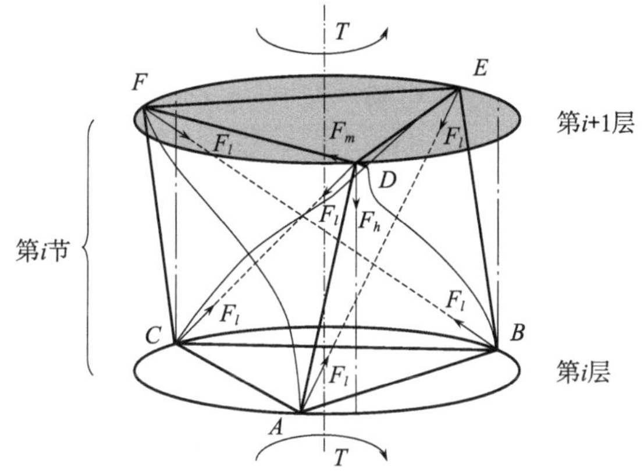

图 3-29　单节扭转对角加劲索受力状态

以第 $i+1$ 层横架为研究对象进行受力分析，点 A'、B'、C' 分别为 A、B、C 在第 $i+1$ 层横架上的投影。设上一节作用在第 $i+1$ 层横架的扭矩为 T，对角加劲索张紧力 F_l 在第 $i+1$ 层横架截面内的投影为 F_m，那么第 $i+1$ 层横架在 F_m 的切向分量 F_{mt} 作用下与扭矩 T 平衡，如图 3-30 所示。据此，可以得到扭矩 T 的计算式为 $T=3F_{mt}R$。

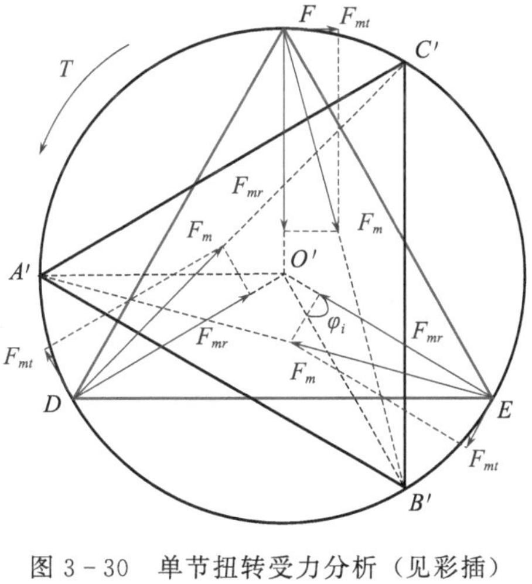

图 3-30　单节扭转受力分析（见彩插）

根据几何关系可知

$$F_{mt}=F_{mr}\tan\left(\frac{\pi}{6}-\frac{\varphi_i}{2}\right) \tag{3-10}$$

进而可知

$$T = 3RF_{mr}\tan\left(\frac{\pi}{6} - \frac{\varphi_i}{2}\right) \tag{3-11}$$

在盘绕展开机构的扭转过程中，F_{mr} 挤压横架，使得展开机构的盘绕半径减小，横杆发生变形，因此 F_{mr} 与横架的变形相关。需要注意的是，展开机构横架的变形是在相邻两节对角加劲索的共同作用下产生的，如图 3-31 所示，因此实际作用于第 $i+1$ 层横架的径向力 $F_r = 2Fmr$ 。重新对第 $i+1$ 层横架进行受力分析，如图 3-32 所示，点 A'、B'、C'、G'、H'、I' 分别为 A、B、C、G、H、I 在第 $i+1$ 层横架上的投影。将横架所受的径向力 F_r 向横杆方向分解得到 F_d，可得

$$F_d = \frac{\sqrt{3}}{3}F_r = \frac{2\sqrt{3}}{3}F_{mr} \tag{3-12}$$

将上式代入扭矩计算公式，可得

$$T = \frac{3\sqrt{3}}{2}RF_d\tan\left(\frac{\pi}{6} - \frac{\varphi_i}{2}\right) \tag{3-13}$$

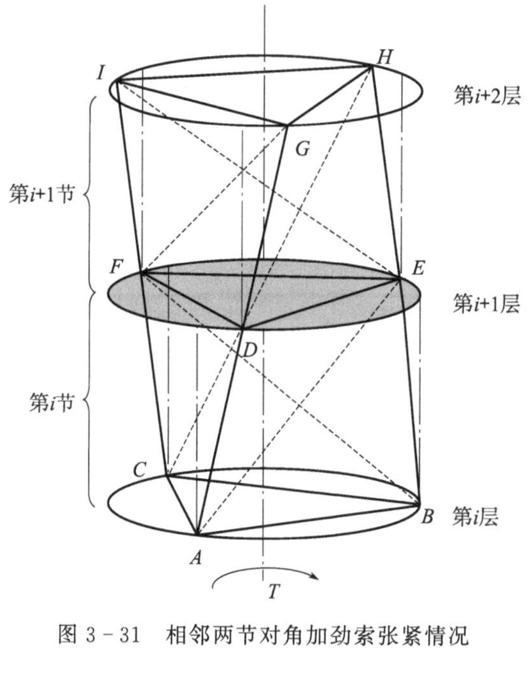

图 3-31　相邻两节对角加劲索张紧情况

式（3-13）即为盘绕展开机构所承受扭矩的计算公式，可以发现，盘绕展开机构承受扭矩的能力主要与扭转过程中横杆两端承受压力的能力相关，因此只要求解出盘绕展开机构扭转变形过程中横杆两端所受压力 F_d 随 φ_i 的变化关系 $F_d(\varphi_i)$，即可求解出扭矩 T 随 φ_i 的变化关系 $T(\varphi_i)$ 。由于在扭转变形分析中已求解出横杆长度 d 随 φ_i 的变化关系 $d(\varphi_i)$，因此可将问题转化为求解 F_d 随 d 的变化关系 $F_d(d)$，进而得到 $F_d(\varphi_i)$ 关系。

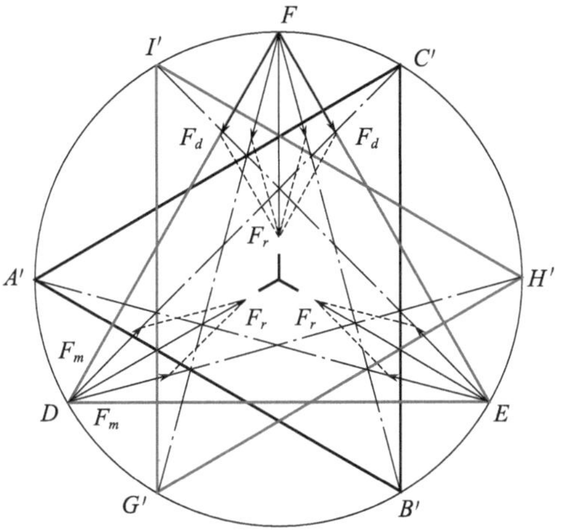

图 3－32　单层径向受压分析（见彩插）

3.2.2　横杆后屈曲分析

通过对横杆进行非线性后屈曲分析，即可求解出 F_d 随 d 的变化关系 $F_d(d)$，进而就可得到 $F_d(\varphi_i)$ 关系，但需要明确横杆的受压失稳形式。前期分别通过仿真和试验对盘绕展开机构扭转过程中的横杆失稳形式进行了分析，如图 3－33 和图 3－34 所示。可以发现，盘绕展开机构发生了二阶弯曲形式的失稳。因此在横杆的后屈曲分析中需要引入二阶弯曲形式的几何缺陷 $\Delta x=\omega_{2b}\phi_{2b}$，其中，$\phi_{2b}$ 为二阶弯曲模态变形，可由线性特征值屈曲分析求解，ω_{2b} 为二阶弯曲模态变形的比例系数，可根据横杆截面尺寸的几何特征确定。

图 3－33　横杆失稳（仿真）

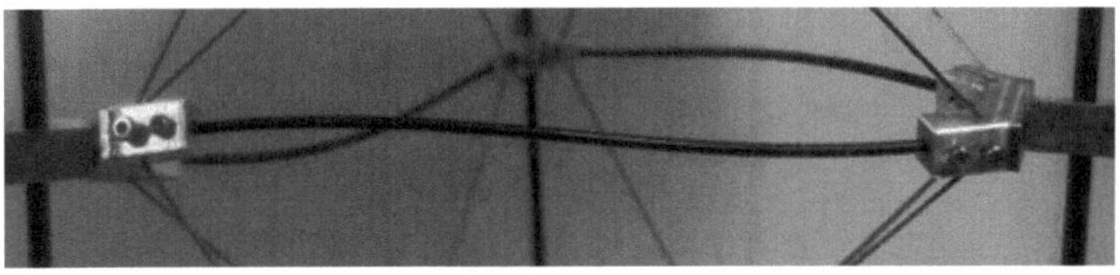

图 3－34　横杆失稳（试验）

横杆的后屈曲分析使用 ABAQUS 软件实现，ABAQUS 中内置的改进弧长法非常适用于后屈曲分析中非线性方程的求解。该方法是目前结构非线性分析中数值计算最稳定、计算效率最高且最可靠的迭代控制方法之一，它能够在考虑几何、材料、边界条件等非线性因素的情况下预测结构的大变形屈曲失稳过程。通过横杆后屈曲分析可求得 $F_d(d)$ 关系，根据扭转变形分析结果即可求得 $F_d(\varphi_i)$ 关系，进而代入式（3-13）求解出扭矩 T 随单节扭转角 φ_i 的变化关系 $T(\varphi_i)$，从而得到扭转刚度 G_J 与扭转角 φ 的关系 $G_J(\varphi)$。

3.2.3　非线性扭转刚度计算与仿真试验验证

前期以某盘绕展开机构地面样机为对象进行了扭转刚度的分析和求解，其具体结构参数如表 3-5 所示。

表 3-5　某盘绕展开机构设计参数

设计参数	数值
盘绕半径 R/mm	100
节距 t/mm	125
节数 n	8
展开机构长度 l/mm	1 000
纵杆直径 d_l/mm	3.5
横杆直径 d_b/mm	2
纵杆和横杆材料	Titanium - Nickel Alloy
纵杆和横杆弹性模量 E/GPa	83
纵杆和横杆泊松比 μ	0.31

首先，应用 ABAQUS 软件对盘绕展开机构横杆进行后屈曲分析，可以得到横杆两端压力与两端距离的变化关系 $F_d(d)$，如图 3-35 所示。

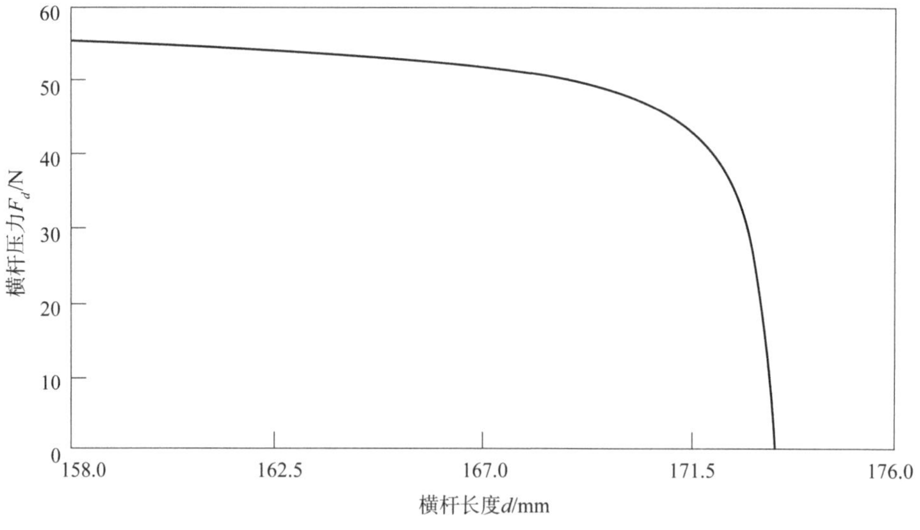

图 3-35　$F_d(d)$ 变化曲线

根据式（3－9）所给出的盘绕展开机构扭转过程中横杆长度随单节扭转角的变化关系，任意给定一个扭转角，即可得到对应的横杆长度。将横杆长度代入到 $F_d(d)$ 变化曲线中，即可求得横杆两端受到的压力，再将此时的 F_d 代入式（3－13）便可求得扭矩。现给定整体盘绕展开机构的整体扭转角变化区间为［0，30°］，那么单节扭转角的变化区间为［0，3.75°］。将该区间进行 300 等分，分别求解每个扭转角对应的扭矩值，将求解结果进行线性插值，可得到扭矩随单节扭转角的变化曲线 $T(\varphi_i)$。再由单节扭转角与整体扭转角的转换关系，即 $\varphi_i=\varphi/n$，便可得到盘绕展开机构整体扭矩随扭转角的变换曲线 $T(\varphi)$，如图 3－36 所示。进一步地，根据扭转刚度计算公式即可求得扭转刚度随扭转角的变化曲线 $G_J(\varphi)$，如图 3－37 所示。可以发现，盘绕展开机构所受扭矩随扭转角的增大而逐渐增大，但当扭转角增大到一定程度后扭矩不再随其增大，而是区域不变，反映到扭转刚度上表现为扭转刚度随扭转角增大而逐渐降低，直至降低至 0。

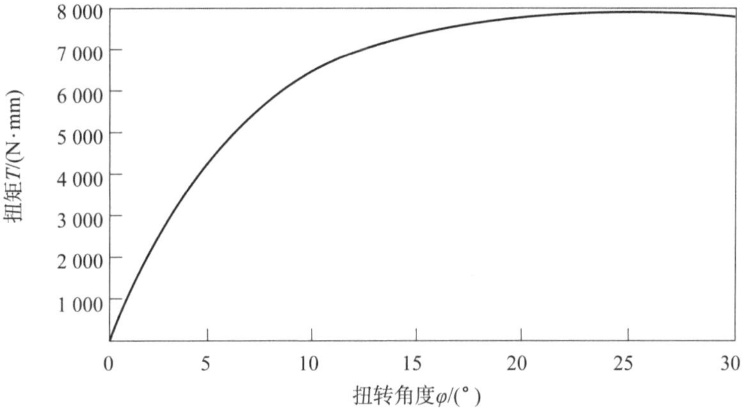

图 3－36　$T(\varphi)$ 变化曲线（理论计算）

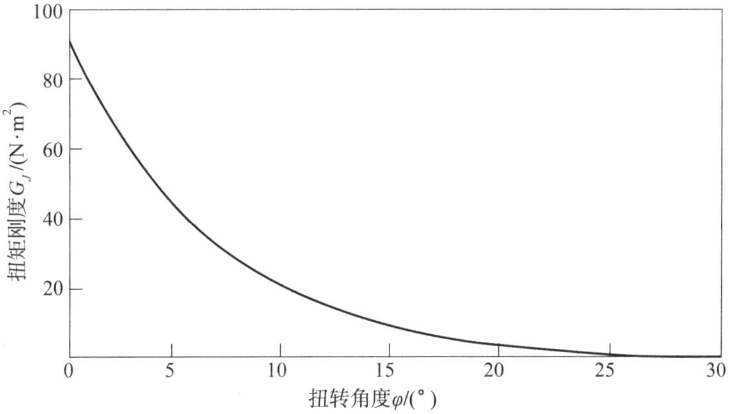

图 3－37　$G_J(\varphi)$ 变化曲线（理论计算）

通过仿真和试验对上述结论进行验证。在仿真分析方面，基于 ADAMS 软件建立盘绕展开机构的虚拟样机模型，如图 3－38 所示。通过在顶板施加低速转动驱动的方式为盘绕展开机构加载扭矩，在加载过程中可得到顶板所受扭矩随扭转角的变化曲线，如图 3－39 所示。同理可求得扭转刚度随扭转角变化的仿真结果，如图 3－40 所示。

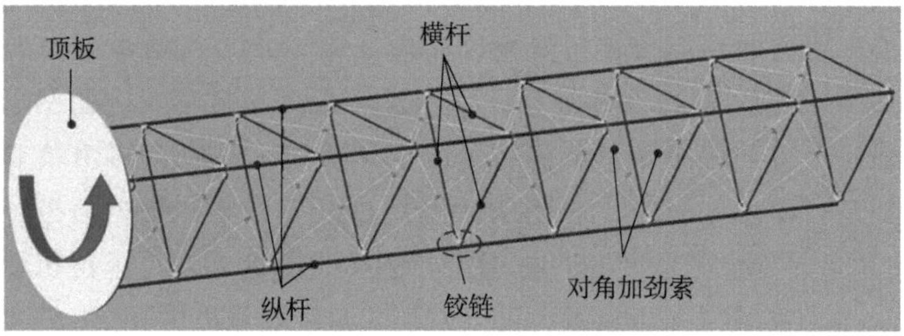

图 3－38　盘绕展开机构虚拟样机

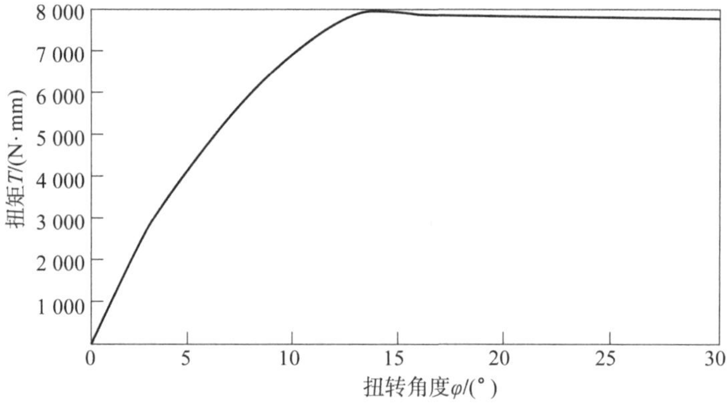

图 3－39　$T(\varphi)$ 变化曲线（仿真）

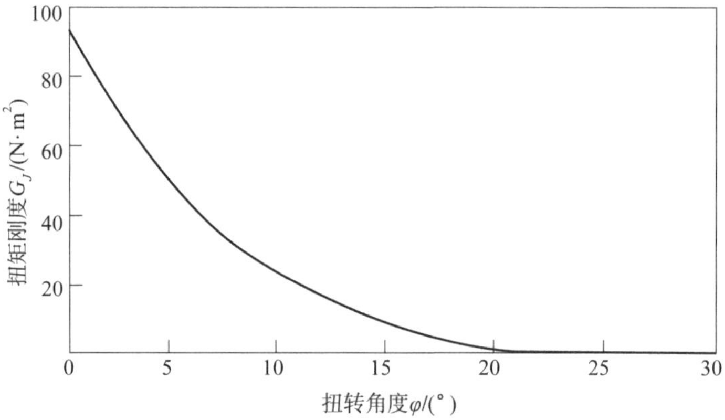

图 3－40　$G_J(\varphi)$ 变化曲线（仿真）

在试验测试方面，试验原理图和实物图如图 3－41 和图 3－42 所示。试验中通过数显力矩扳手，在盘绕展开机构顶部手动施加扭矩，通过倾角仪测量展开机构扭转角，所用到的试验装置如图 3－43 和图 3－44 所示。

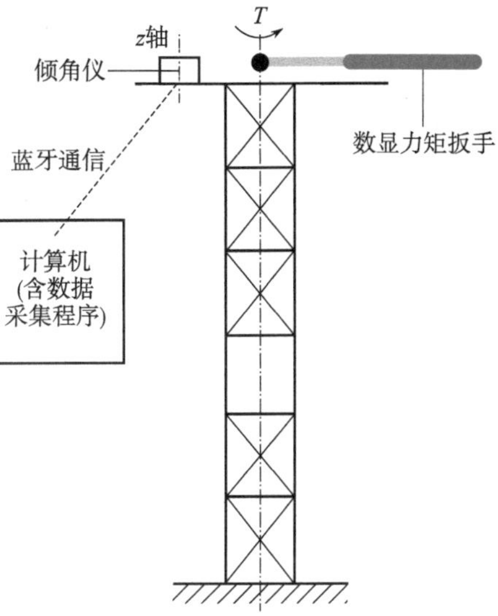

图 3-41　扭转试验原理图

图 3-42　扭转试验实物图

图 3-43　倾角仪实物图

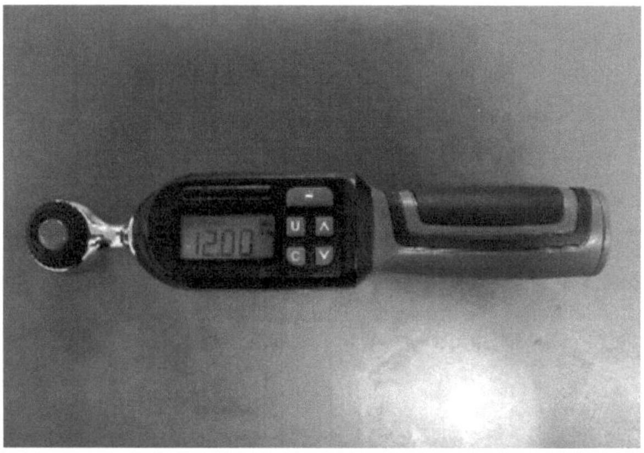

图 3-44 数显力矩扳手实物图

试验中盘绕展开机构顶部每转动 3°记录一次数显力矩扳手示数，重复 3 次试验并取平均值，对所得数据点进行样条插值拟合，得到试验测得的扭矩随扭转角变化曲线 $T(\varphi)$，如图 3-45 所示。同理可得到扭转刚度随扭转角变化的试验结果，如图 3-46 所示。

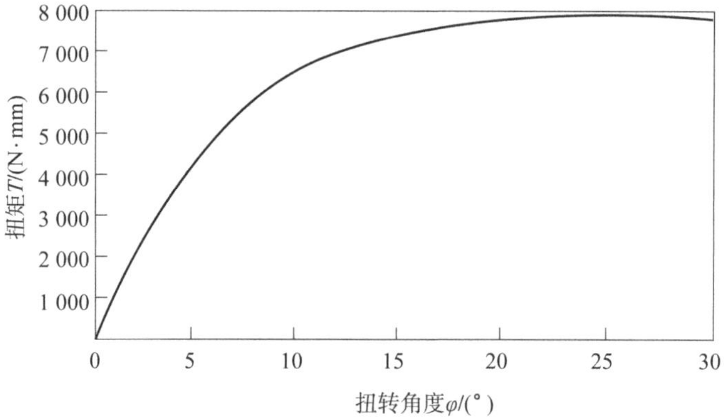

图 3-45 $T(\varphi)$ 变化曲线（试验）

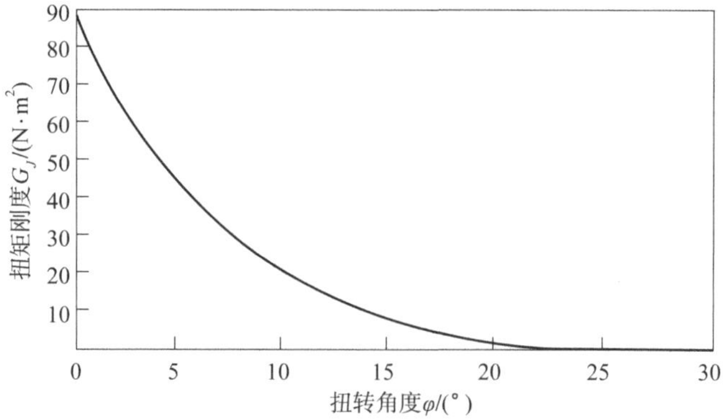

图 3-46 $G_J(\varphi)$ 变化曲线（试验）

将理论计算结果与仿真、试验结果进行对比，如图 3－47 和图 3－48 所示，可以发现，三种方法得到的结果十分接近。分别使用绝对误差 A_e、相对误差 R_e 和曲线拟合度 P 来衡量理论计算结果与仿真、试验结果的接近程度。误差计算公式如下（角标 s 代表理论结果与仿真结果的误差，角标 t 代表理论结果与试验结果的误差，角标 c 代表理论值）。

绝对误差/相对误差为

$$\begin{cases} A_{es}(\text{or } A_{et}) = V_c - V_s(\text{or } V_t) \\ R_{es}(\text{or } R_{et}) = \left| \dfrac{V_c - V_s(\text{or } V_t)}{V_s(\text{or } V_t)} \right| \end{cases} \tag{3-14}$$

曲线拟合度（数值越接近于 0 说明两条曲线越接近）为

$$P_s(\text{or } P_t) = \frac{\int_0^{\theta_{\max}} |A_{es}(\text{or } A_{et})| \, d\theta}{\int_0^{\theta_{\max}} V_s(\text{or } V_t) \, d\theta} \tag{3-15}$$

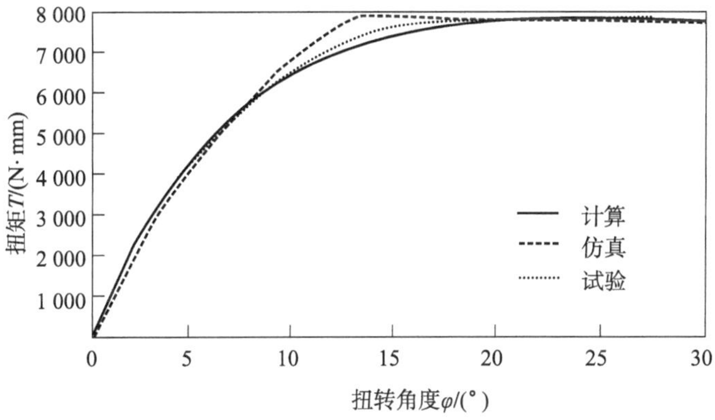

图 3－47　$T(\varphi)$ 变化曲线（对比）

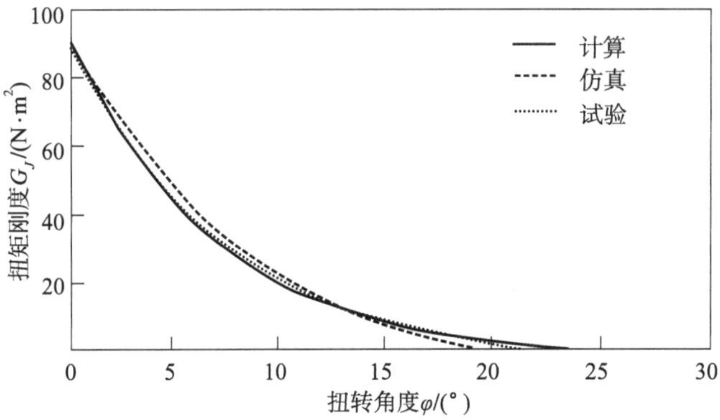

图 3－48　$G_J(\varphi)$ 变化曲线（对比）

分别将扭矩随扭转角的变化关系 $T(\varphi)$ 和扭转刚度随扭转角的变化关系 $G_J(\varphi)$ 的误差最大值列入表 3－6 和表 3－7，可以发现，理论计算结果与仿真、试验结果的扭转刚度相对误差均不超过 10%，理论与仿真的扭矩最大相对误差虽然最高达到 24%，但此时的理论与仿真扭矩均较小，且二者的绝对误差极小，此误差同样可接受。根据表 3-6 和表 3-7 还可以发现，理论计算结果与仿真、试验结果的曲线拟合度 P 数值均接近于 0，这同样说明三者结果曲线十分接近。根据误差分析，可以认为前期提出的非线性扭转刚度理论计算方法是有效的，可用于替代仿真和试验手段对盘绕展开机构扭转刚度进行快速定量分析。

表 3-6　$T(\varphi)$ 最大误差

项目	理论 vs 仿真	理论 vs 试验
最大绝对误差	0.715 N·m(9.17%)	0.227 N·m(2.99%)
最大相对误差	24.12%(0.097 N·m)	3.00%(0.513 N·m)
曲线拟合度	0.0322	0.0111

表 3-7　$G_J(\varphi)$ 最大误差

项目	理论 vs 仿真	理论 vs 试验
最大绝对误差	3.506 N·m^2(7.19%)	2.970 N·m^2(3.34%)
最大相对误差	9.08%(2.719 N·m^2)	4.45%(0.869 N·m^2)
曲线拟合度	0.079 9	0.034 1

第 4 章　空间被动式盘绕展开机构集成设计与试验技术

盘绕式伸展臂作为一种空间一维展开机构，具有大柔性、高展收比的特点，在空间活动中有着广阔的应用前景。针对微小卫星平台设计，质量、体积、功耗等星上资源极其有限，需要围绕盘绕式伸展臂的具体需求开展研究，形成适用于微小卫星的系统集成设计方法。对展开机构的系统功能进行分解、开展整体性耦合设计等工作，将有效服务于伸展臂主体及其保障系统集成于微小卫星平台上，进一步地，可通过地面展开试验对系统的有效性进行验证。

4.1　高展收比被动式盘绕展开机构机电热一体化设计

4.1.1　系统功能及组成

保障盘绕式伸展臂在轨正常展开是展开机构系统的中心任务，以此为出发点，归纳分系统功能需求如下：

1）在发射阶段，将盘绕式伸展臂锁紧固定，保证其处于盘绕收拢状态。

2）卫星入轨后，根据星务指令将盘绕式伸展臂解锁释放，而后依靠其自储应变能实现展开。

3）在盘绕式伸展臂展开过程中，实时监测其展开长度，判断是否展开到位，同时约束盘绕式伸展臂的展开速度，避免产生过大的冲击载荷。

由上述功能需求出发，将展开机构系统划分为 4 个部分：盘绕式伸展臂、锁紧释放组件、展开约束及监测组件和展开控制器。其中，盘绕式伸展臂是实现展开功能的主体，其余组件则属于保障设备，确保伸展臂成功在轨展开。

（1）盘绕式伸展臂

盘绕式伸展臂是展开机构系统的核心组件，在卫星发射阶段为盘绕收拢状态，卫星入轨并将其解锁后，可通过自储应变能实现展开，展开到位后保持稳定构型。

（2）锁紧释放组件

锁紧释放组件在发射前将盘绕式伸展臂锁紧固定，且在经受运载主动飞行段的恶劣力学环境后仍然能够保证伸展臂处于盘绕收拢状态。卫星入轨并接收到展开指令后，该组件能够迅速解锁，释放盘绕式伸展臂。拔销器是实现锁紧释放功能的主要设备，其解锁冲击应维持在较小量级，以保障星内设备的安全。

（3）展开约束及监测组件

展开约束及监测组件主要在展开过程中发挥作用，在测量展开长度的同时也对展开速度进行约束。展开长度是判别盘绕式伸展臂展开状态的主要标志，达到预定长度且保持一定时间后便可认为展开成功，本设计采用编码器测量拉索绕线轮转过角度并转化的方案度量。展开速度通常由阻尼器进行约束，阻尼力的产生使得展开过程减缓，冲击载荷也随之减小。

(4) 展开控制器

展开控制器为展开机构系统的控制单元，可与星务计算机进行双向通信。一方面，可接收其控制指令实现拔销器、编码器等电子设备的加电、断电操作，另一方面，可及时向星务计算机反馈相关设备的工作状态信息。

总体而言，针对微小卫星平台设计，高展收比被动式盘绕展开机构系统的工作流程可概括为：

1) 卫星入轨前，以拔销器为核心的锁紧释放组件将盘绕式伸展臂锁定，使其保持盘绕收拢状态。

2) 卫星入轨并做好展开准备后，星务计算机向展开控制器发送指令，控制拔销器销子通电收缩，释放盘绕式伸展臂，使其在拉索牵引下实现展开。同时，展开约束及监测组件开始工作，阻尼器通过拉索对展开速度进行约束，保证展开过程平稳，拉索绕线轮的旋转角度由编码器实时测量并及时反馈至星务计算机。星务计算机实时计算盘绕式伸展臂展开长度，当达到预定长度且保持一段时间后，判定伸展臂展开成功。

3) 展开结束后，星务计算机向展开控制器发送指令，控制相关设备关机。

4) 在展开全流程中，空间相机在盘绕式伸展臂展开时开机，进行全程拍照记录。

4.1.2 盘绕式展开平台集成方案

盘绕式伸展臂作为空间可展开机构，具有对外延展的需求，需要安装在星体表面附近，以保证展开过程不会受到其他星载设备的干扰。根据常见的微小卫星设计需求，展开机构系统的主要部组件多集中于顶部舱板中央。发射状态下，盘绕式伸展臂沿周向收拢，截面呈圆形，展开机构系统的主体也限制在一个圆柱体包络范围内，包络尺寸可根据设计需求确定，其整体模型如图 4-1 所示。

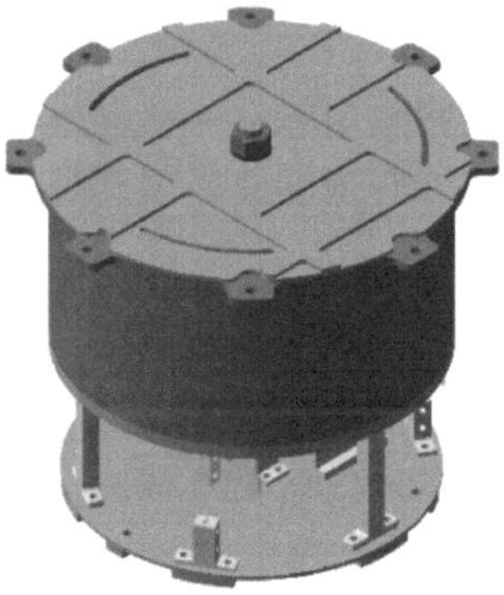

图 4-1 盘绕式展开机构系统主体

展开机构系统主体可划分为上下两部分区域，如图 4-2 所示。上部区域是一个圆柱形的收纳筒，内部为处于压紧收拢状态的盘绕式伸展臂，收纳筒顶端开口，为盘绕式伸展臂的展开及收拢留出通道；下部区域均布有 3 根支架，使得两个层板间保持一定的距离，形成开放空间，用于安装锁紧释放组件、展开约束及监测组件等。除主体部分外，展开机构系统还有两个独立设备：展开控制器和编码器接口转换模块，这两个设备与展开机构主体间仅有电信号传送，并无机械接口，不需要其集成安装。本设计综合考虑星内空间占用情况，给出两设备安装于附近舱板的集成方案。

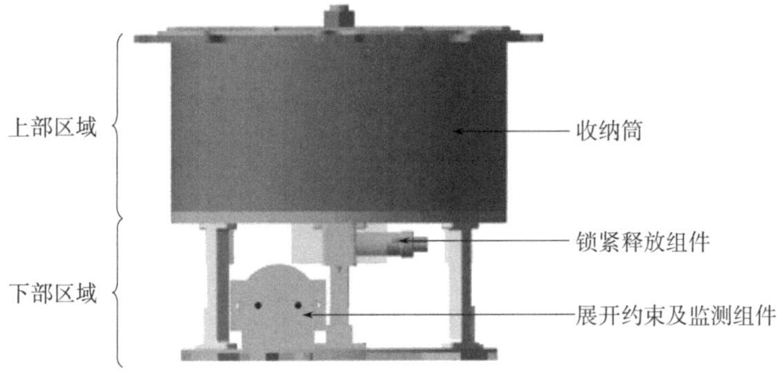

图 4-2　展开机构系统主体区域划分示意图

空间相机用于记录盘绕式伸展臂的在轨展开过程，需要安装在盘绕式伸展臂根部附近，且光轴指向与伸展臂展开方向应保持一致。为保证光路通畅，本设计选取空间相机镜头与顶部舱板平齐，安装位置如图 4-3 所示。图 4-4 则展示了盘绕式伸展臂展开后空间相机与伸展臂的相对位置关系。

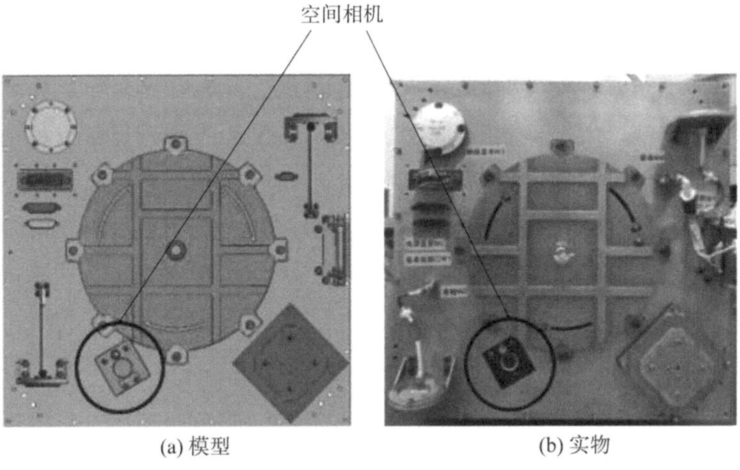

图 4-3　空间相机安装位置示意图

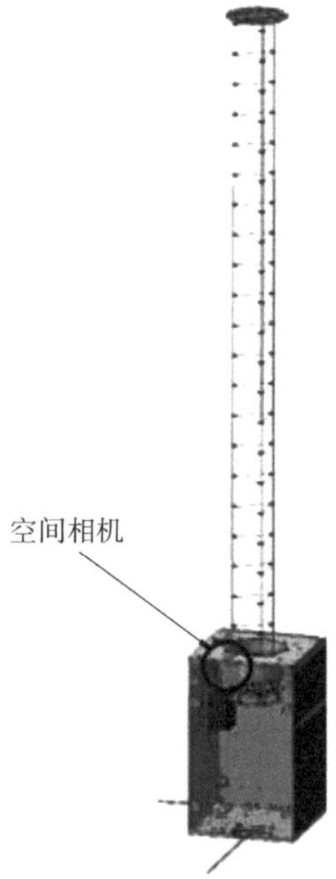

图 4-4　空间相机与伸展臂的相对位置关系

4.1.3　展开保障设备的机电热一体化设计

在本设计中，展开机构系统的保障设备包括锁紧释放组件、展开约束及监测组件和展开控制器，辅以主动热控设计及隔热设计，中心任务是确保盘绕式伸展臂的在轨展开顺利完成。

（1）锁紧释放组件

锁紧释放组件的功能是在发射阶段将收拢的盘绕式伸展臂锁紧在星体内部，并在入轨后由星务指令控制解锁，实现伸展臂的在轨释放。该组件的核心设备为拔销器，其安全性和可靠性直接影响到盘绕式伸展臂的展开动作，进而影响卫星有效载荷任务的成败。以航天领域认可度较高的一种记忆合金拔销器为例，如图 4-5 所示，该产品具有多次飞行经历，在轨成功率保持 100%，成熟度较高，可靠性不低于 0.999 999 9（置信度 $\gamma=0.9$）。

图 4-5　一种记忆合金拔销器

该记忆合金拔销器采用记忆合金作为驱动，使用前将销子拉出，通电销子收缩，结构简单可靠，解锁冲击小，其具体性能指标如表 4-1 所示。

表 4-1　记忆合金拔销器技术参数

技术参数	技术指标	技术参数	技术指标
质量	11 g	行程	1.5 mm
尺寸	45.5 mm×22 mm×13.5 mm	耗能	20 J(−80 ℃),常温下 10 J
拔销力	＞240 N	工作温度	−80～+70 ℃

需要注意的是，记忆合金拔销器的销子行程极短，若在运载主动段的剧烈振动环境下产生轴向位移，很容易导致锁紧失效。针对该问题，本设计给出了拔销器基座及锁紧连杆的方案，以保证拔销器锁紧的可靠性，如图 4-6 所示。拔销器通过螺钉与固定在中板上的拔销器基座实现固连，锁紧连杆在拔销器的销子处开孔，销子插入其中完成锁定。锁紧连杆顶端留有 M10 螺纹，对应螺母拧紧后可将顶板压在收纳筒顶面上，使得盘绕式伸展臂维持压缩收拢状态。此外，中板及拔销器基座对于锁紧连杆有限位作用，不会在销子轴向产生位移，避免了运载主动段的脱销风险。

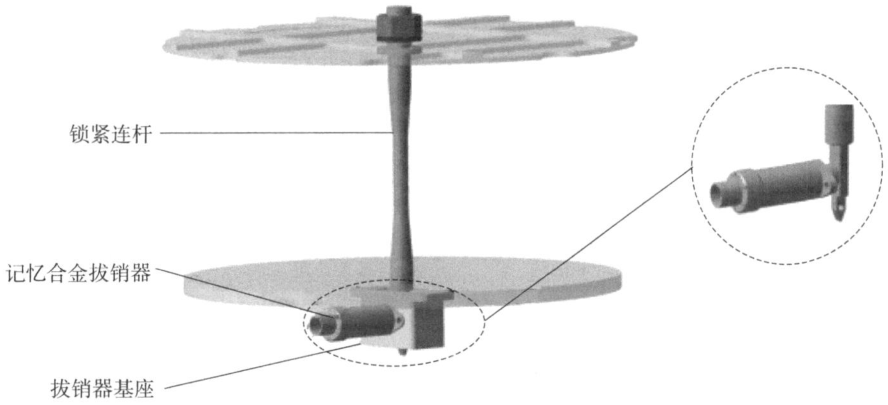

图 4-6　锁紧释放组件

(2) 展开约束及监测组件

展开约束及监测组件主要是在盘绕式伸展臂的在轨展开过程中发挥作用，以实现两个功能：其一，限制伸展臂的展开速度，核心设备是旋转阻尼器；其二，监测伸展臂的展开长度，由编码器测量角度值转化计算求解。整体上，旋转阻尼器及编码器均依赖于与伸展臂顶端连接的拉索实现对应功能，据此，本设计给出了将其进行集成安装的方案，如图 4-7 所示。

针对此方案，拉索一端固连在缩紧连杆上，经转向轮调整方向，另一端缠绕在绕线轮上，旋转阻尼器和编码器的转子部件与绕线轮共轴且为固定连接。拔销器解锁后，锁紧连杆随着盘绕式伸展臂的展开而跟随顶板向上运动，与之固连的拉索带动绕线轮转动，旋转

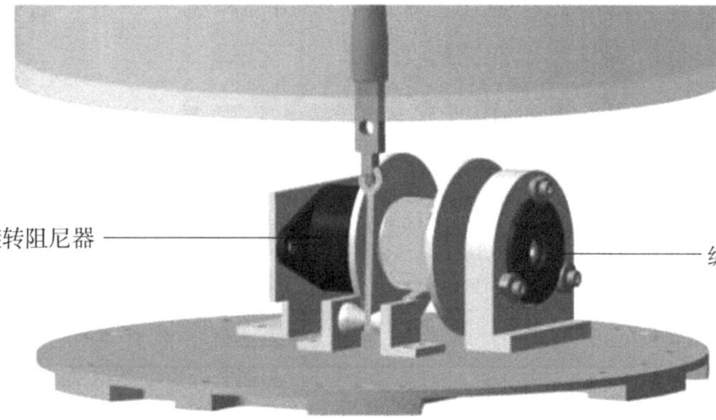

图 4-7 展开约束及监测组件

阻尼器施加与伸展臂展开速率成正比的阻尼力，对展开速度进行约束。编码器实时监测转子转动角度，通过转化计算即可得到伸展臂的展开长度。

针对旋转阻尼器，以航天领域认可度较高的 FRT-D2-501 为例，其标称扭矩为 5 N·cm，实际扭矩大小则受到转速、环境温度等因素的影响。由前述章节的研究结论可知，盘绕式伸展臂轴向展开力大小在 10 N 左右，该型号旋转阻尼器有着很好的匹配度。针对编码器，以 DS-25-16 绝对式编码器为例，可用 17 位二进制数表示当前转子的角度位置，且角分辨率小于 0.003°，其主要技术指标如表 4-2 所示。

表 4-2 编码器性能指标

性能指标	取值	性能指标	取值
转动惯量	11.13 g·mm²	整体质量	4 g
外径/内径/厚度	25/6/7 mm	最大转速	4 000 r/min
角分辨率	$360/2^{17}$(°)	通信接口	串行同步接口(SSI)
供电电压	5 V(1±10%)	平均功耗	0.35 W
工作温度	−55～85 ℃	抗振能力	20 g (10～2 000 Hz)

盘绕式伸展臂在展开过程中，编码器实时开机，对绕线轮所处角度位置进行持续测量，测量值与盘绕式伸展臂展开长度的转化关系可以表示为

$$L_{展开}=\pi D\left(C+\frac{X-X_0}{2^{17}}\right) \tag{4-1}$$

式中 D ——绕线轮直径，设计尺寸为 20 mm，考虑到拉索自身几何尺寸，取 $D=20.5$ mm；

X ——十进制形式表示的当前编码器测量角度值；

X_0 ——编码器在盘绕式伸展臂展开前的测量角度值；

C ——转动圈数，即绕线轮转过零点的次数，当本次测量值 X 小于上一次测量值时，C 的数值加 1。

需要注意的是，编码器仅具有角度测量功能，需要将所采集数据传输至星务计算机后才可进行展开长度的计算。考虑到星务计算机多采用 RS422 通信协议进行数据传输，针对其与编码器自身的 SSI 接口不匹配的问题，可增加编码器接口转换模块以保障数据的正常传输。

(3) 展开控制器

展开控制器是展开机构系统的控制单元，由能源控制器一次母线供电。在本设计中，供电电压为 12 V，主要功能是根据星务计算机的 OC 指令控制相关电子设备的开关机，同时采集供电状态量并反馈至星务计算机，其功能框图如图 4－8 所示。展开控制器对外供电接口共有 3 路，供电电压均为 5 V，对应 3 路状态采集电路及 6 条 OC 控制指令（通/断）。其中，编码器与其接口转换模块同步工作，共用 1 路供电；剩余 2 路均与记忆合金拔销器连接，作冗余设计，任意 1 路接通即可完成拔销，有效地提高了在轨解锁过程的可靠性。

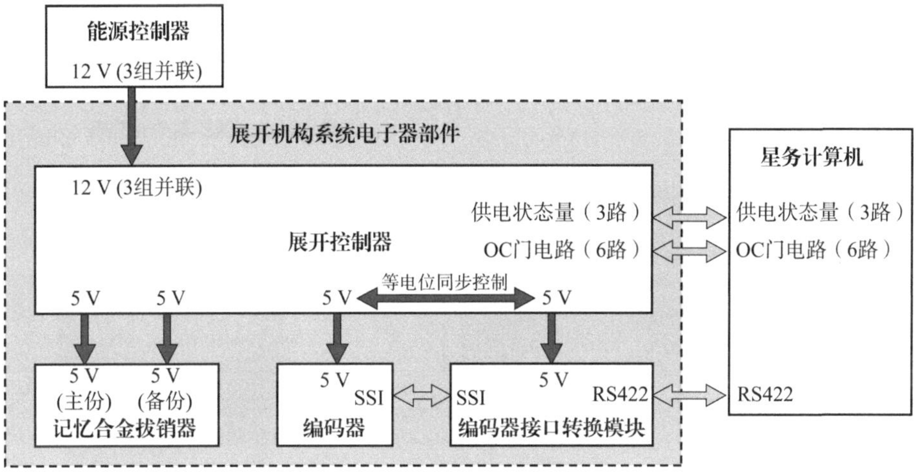

图 4－8　展开控制器功能框图

(4) 空间盘绕式伸展臂热控设计

作为有效载荷，盘绕式伸展臂的在轨展开是微小卫星平台完成其他空间任务的基础。但是，驱动伸展臂展开的弹性材料在低于－25 ℃时会发生相变，导致展开失效，这一点在热控设计中应当重点关注。

盘绕式伸展臂及相关组件安装于星体顶部中央，考虑其展开需求，卫星顶部包覆的多层隔热材料并非一个整体，中间的圆形区域包覆在伸展臂顶板上，其余区域则粘贴在卫星顶部船板上。卫星入轨后，顶部两块多层隔热材料（Multi Layer Insulation，MLI）的交接处容易产生漏热，进而使得盘绕式伸展臂处于较低的温度状态，对此，设计中在收纳底部的安装基座上贴装电加热片，以保障伸展臂展开时的温度，电加热片安装位置如图 4－9 所示。

此外，盘绕式伸展臂展开后，整星构型将发生变化，收纳筒直接暴露在空间环境中。

对此，设计中对盘绕式伸展臂及相关组件进行隔热设计，以防止展开后对星内温度场产生较大影响：收纳筒内表面在伸展臂展开后成为整星的外表面，粘贴单面镀铝聚酰亚胺膜以隔离外部热流；展开机构整体选取 3 块多层隔热材料进行包覆，与星体隔离，如图 4－10 所示。

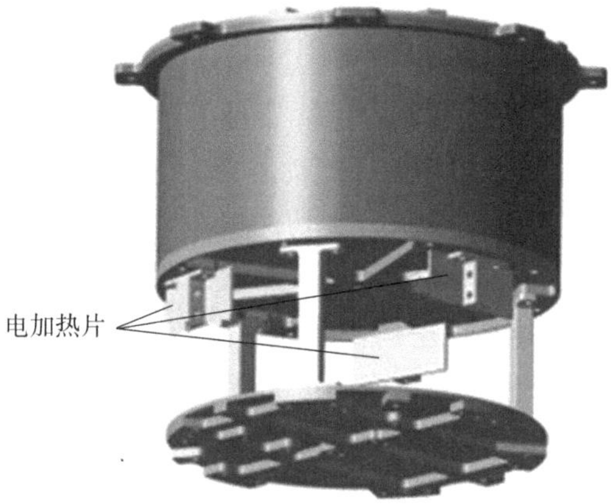

图 4－9　盘绕式伸展臂主动热控设计

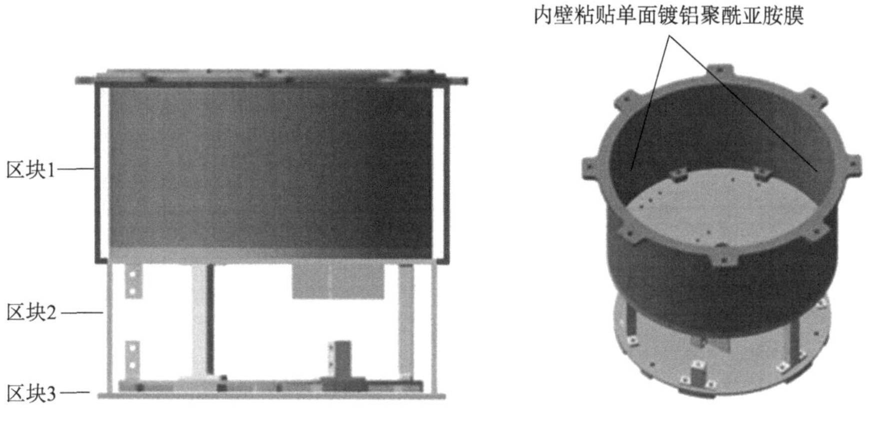

图 4－10　盘绕式伸展臂隔热设计

4.2　被动式盘绕展开机构微重力展开试验

地面展开试验用于评估真实状况下被动式盘绕展开机构的性能。通常，测试的内容主要分为两个方向：一是伸展臂展开后稳定状态下的特性，如振动基频、弯扭刚度等；二是伸展臂在展开过程中特征参数的变化，包括展开作用力、展开变形等。

作为在轨运行的机构部件，零重力是被动式盘绕展开机构在轨应用环境中的一个重要影响因素。在轨环境下，卫星及其伸展机构处在失重状态，机构内部受力和相互作用结果与地面环境存在很大的差异，因此地面环境的动力学测试需要以零重力或微重力模拟为前提。

4.2.1　微重力展开试验平台

（1）常见的微重力试验方案

针对理想的零重力状态，其边界条件应为绝对自由，即外部约束为零，这一点在实际试验中很难达到，因此转而寻求微重力环境的实现，即将外部约束尤其是重力对机构的影响降至最低。目前，对于重力补偿的研究方案可分为惯性补偿法、气浮台法、水下悬吊法和悬挂补偿法等。

（a）惯性补偿法

惯性补偿法基于牛顿运动定律提出，即在一个加速系统中，物体会受到一个惯性力，这个惯性力的大小与加速度成正比，方向与加速度方向相反。通过精确控制系统的加速度，使得产生的惯性力能够与地球重力相平衡或部分抵消，从而实现重力补偿。

针对惯性补偿法系统，常采用包括移动平台、伺服电机、控制系统等在内的仪器建立一个能施加精确加速度的试验系统，进而产生所需的惯性力，使其与重力作用相抵消，典型应用案例有落塔等，示意图如图 4－11 所示。同时，由于惯性补偿法受到多种因素的影响，如摩擦力、空气阻力、系统惯性不均匀性等，研究中还需进行误差分析并对系统进行修正，进一步优化补偿效果。

图 4－11　落塔示意图

(b) 气浮台法

气浮台法的基本原理是利用气体（通常是空气）在平台和基础表面之间形成薄薄的气膜，从而减少或消除摩擦力，使平台上的物体可以自由运动。通过精确控制气流，平台可以悬浮在空气中，模拟出接近无摩擦的环境，类似于微重力条件下的运动。

通常，气浮台由气浮台本体、空气供给系统、控制系统、试验装置等组成。典型应用案例如李延斌、包钢等[1]提出的三自由度气浮台全物理仿真系统，如图 4－12 所示。总体上，气浮台能够有效减少地球重力对试验结果的影响，提供近似于太空微重力环境的试验条件；操作灵活，可用于多种模拟试验。然而，气浮台存在明显缺陷，基础的气浮台只能模拟二维平面内的运动，难以完全再现三维空间中的微重力环境；同时，三自由度气浮台系统的复杂性和空气供给的精度要求较高，需要精密的控制系统来维持平台的稳定性。

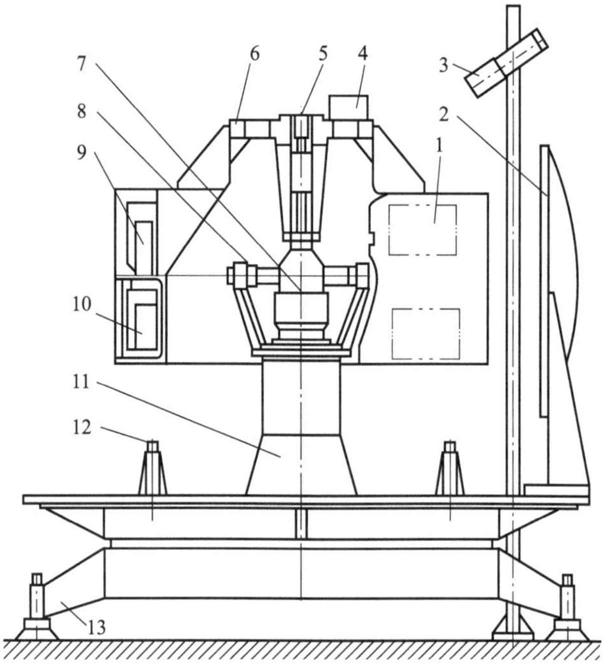

图 4－12　三自由度气浮台全物理仿真系统示意图

1—台上仿真控制系统；2—地球模拟器；3—太阳模拟器；4—测角速度系统；
5—自动条平衡机构；6—测控计算机；7—球面气浮轴承；8—测角系统；
9—冷气喷气模拟装置；10—台体；11—轴承支撑；12—千斤顶装置；13—机座

(c) 水下悬吊法

水下悬吊法利用水的浮力来抵消物体在地球重力场中的部分重量，同时通过悬吊装置精确调整浮力和重力的平衡，使得物体在水中呈现接近于失重状态的运动特性，其示意图如图 4－13 所示。试验对象在这样的环境中能够较为自由地运动，类似于在微重力或太空环境中的状态。

通常，水下悬吊系统由 1）试验水池，2）绳索、滑轮、平衡器等悬吊装置，3）用于

图 4-13　水下悬吊法示意图（Ranger 机械臂水浮系统）

调节水池中浮力与悬吊系统张力的控制系统，4）用于记录并分析试验过程中物体的运动轨迹、速度和姿态变化的水下摄像机、传感器等监测设备组成。总体上，试验可重复性强，适用于多种类型的地面验证和测试。然而，悬吊系统的复杂性和对物体重量的精确调节要求较高，实际操作中需要对各项参数进行细致调整。

(d) 悬挂补偿法

悬挂补偿法的核心在于利用悬挂装置（如绳索、弹簧、滑轮等）施加与重力方向相反的力，部分抵消物体的重量。通过精确控制施加的力，使得物体在悬挂系统中呈现出类似于微重力环境下的运动特性。这种方法通过对力的精确调整，可以模拟出在太空中或其他低重力环境中的条件，如图 4-14 所示。

图 4-14　悬挂补偿的重力模拟系统

通常，悬挂补偿系统由1）绳索、弹簧、滑轮、绞盘等悬挂装置，2）用于调节悬挂装置施加力的控制系统，3）用于固定和支持悬挂装置及被测物体的测试平台，4）用于记录物体的运动状态、受力情况和姿态变化的力传感器、加速度计、摄像系统等测量设备组成。需要注意的是，悬挂补偿法无法完全消除地球重力的影响，只能部分抵消，模拟效果有限；但相对于实际的太空试验，成本低、操作方便，适用于各种地面测试。

（2）针对被动式盘绕展开机构的微重力试验平台

根据实际条件的约束，针对被动式盘绕展开机构，采用被动悬挂法对伸展臂地面样机进行微重力展开试验，对伸展臂样机在微重力环境下的展开动力学特性进行研究。

实验室条件下的重力补偿环境主要由图 4-15 所示的微重力展开试验装置来实现。微重力试验装置主要包括桁架基座、重力补偿装置、同步系统和数据采集系统等 4 部分。

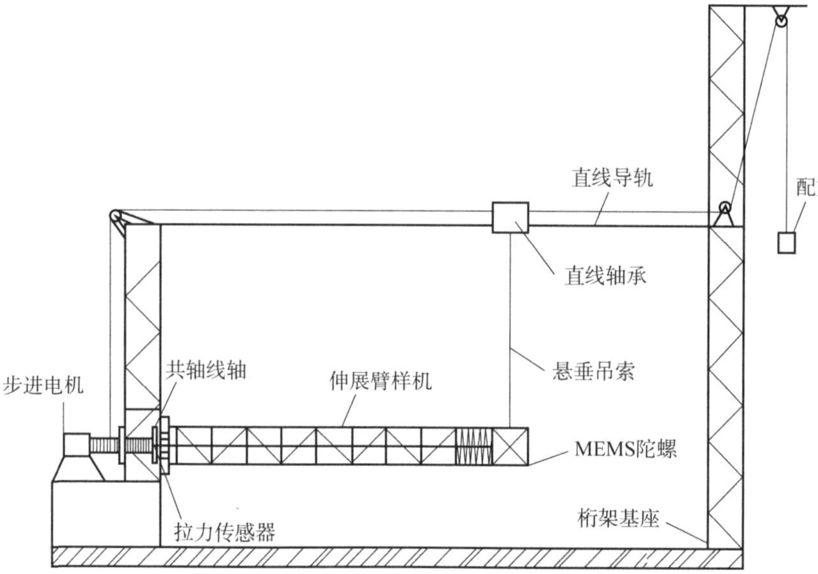

图 4-15 微重力展开试验装置

桁架基座包括装置两端的桁架和顶部直线导轨，为伸展臂提供了足够的、有效的线性展开空间。

重力补偿装置由悬垂吊索和直线轴承组成，悬垂吊索连接直线轴承和伸展臂顶端，是重力补偿的关键，需在试验前期调整悬垂吊索与铅垂线之间的夹角，使其小于 3°，即保证直线轴承处在伸展臂顶端的铅垂方向。

同步系统包括共轴线轴和配重，共轴线轴在试验时同时释放两根同等规格的拉索，分别与伸展臂顶端和直线轴承相连接，因此需要保证拉索在线轴上绕线时采用相同的手法和顺序。配重则通过拉索与直线轴承另一侧相连接，用以补偿直线轴承沿导轨滑动时的摩擦阻力。

数据采集系统主要包括两类传感器，即拉力传感器和 MEMS 陀螺（角速度计），如图 4-16所示。拉力传感器安装在展开装置根部，量程为 0～100 N，主要测定展开过程中伸展臂拉索的拉力变化。MEMS 陀螺安装在伸展臂顶端部位，量程为－150～＋150 (°) /s，主要测定伸展臂顶端的旋转角速度。两类传感器均采用 AD 转换板卡进行数据采集，并利用串口输出至计算机进行数据处理。此外，两类传感器的采样频率均为 5 次/s。考虑到拉力传感器输出信号幅值较小，因此 AD 转换之前增加信号放大装置。整套数据采集系统原理如图 4－17 所示。

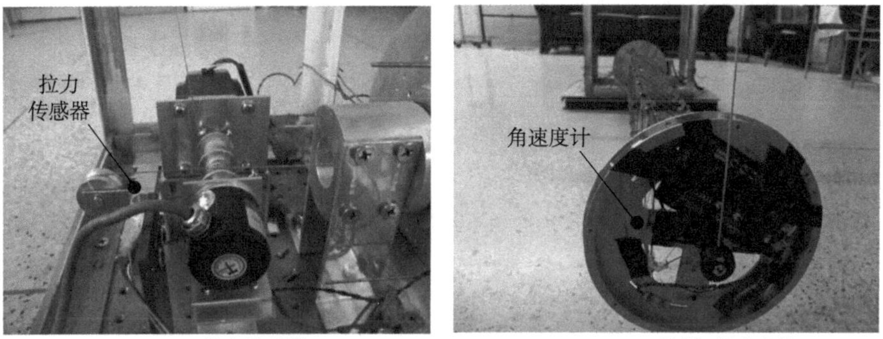

(a) 拉力传感器　　(b) MEMS陀螺 (角速度计)

图 4－16　微重力展开数据采集系统

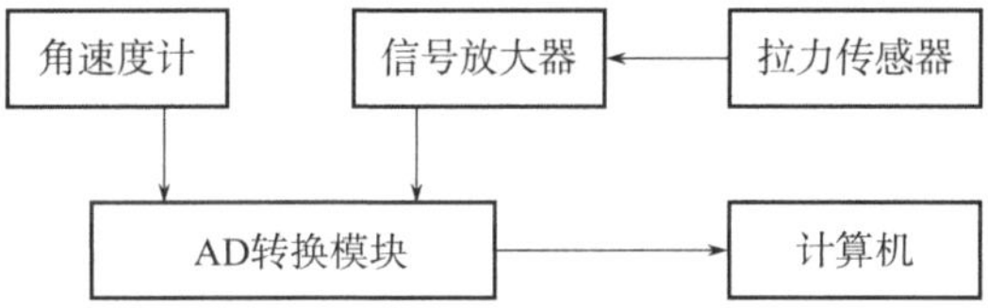

图 4－17　数据采集系统原理图

4.2.2 展开机构微重力展开试验

针对盘绕式伸展臂的初步地面试验，首先进行步进电机微重力展开测试，研究伸展臂样机在匀速条件下的展开效果，随后用选定的 FRT－D2－501 旋转阻尼器代替步进电机，并进行阻尼展开，模拟在轨阻尼展开的运动效果。

(1) 试验步骤

1) 安装伸展臂样机、步进电机、传感器等试验设备，并调试数据采集系统。

2) 调整悬垂吊索与铅垂线夹角，并验证展开同步系统的有效性，确保悬垂吊索在展开过程中对伸展臂顶端的重力补偿效果。

3) 进行电机展开试验，电机释放转速设置为 90 r/min，采集展开过程的传感器数据。

4) 进行电机展开试验，电机释放转速调整为 28 r/min，采集展开过程的传感器数据。

5) 将步进电机替换为旋转阻尼器，阻尼大小设置为 5 N · cm，采集展开过程的传感器数据。

(2) 伸展臂变形及动力学特性分析

微重力展开试验的主要目的在于考察伸展臂样机的展开动力学特性，因此试验结果分析主要分为以下三个方面：伸展臂微重力展开过程中纵杆和横架变形情况分析，匀速展开的动力学特性分析，阻尼展开的动力学特性分析。

(a) 纵杆和横架变形情况分析

针对盘绕式伸展臂的初步地面试验，分阶段留存展开状态图像，如图 4-18 所示为伸展臂样机微重力展开试验状态图。

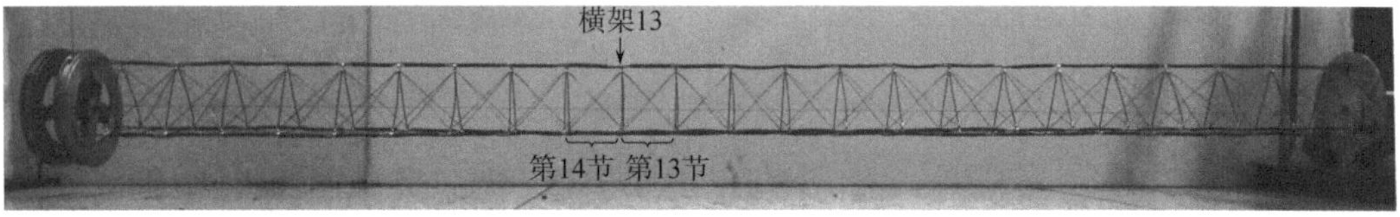

图 4-18　伸展臂样机微重力展开试验状态图

通过对变形进行实时记录，以此来分析展开过程中纵杆和横架的变形过程。以图 4-18 中横架 13 为例，截取电机释放条件下伸展臂的展开过程进行分析，各阶段纵杆/横架变形图如图 4-19 所示。

随着伸展臂的展开，纵杆逐渐沿伸展臂外接圆周面由盘绕收拢状态转为伸直状态。对应图 4-19 (a) 中状态，横架 13 刚好脱离收拢段，此时第 13 节的纵杆刚好开始利用自身的弯曲应力对收拢段施加沿伸展臂轴向和周向的作用力，促使收拢段沿轴向直线运动和周向旋转运动。

对应图 4-19 (b) 中状态，横架 13 逐步脱离收拢段，第 13 节纵杆逐渐伸直，此时由于过渡段的位移协调，对角加劲索张紧，横架 13 中的横杆受压并开始产生形变，但形变不明显，铰接头此时尚未出现明显转动。

对应图 4-19 (c) 中状态，第 13 节的 3 根加劲索在纵杆展开过程中逐渐张紧，同时横架也已经产生更大的形变，伴随着也出现了铰链的旋转，以满足加劲索张紧所产生的位移协调约束。

对应图 4-19 (d) 中状态，横架 13 两侧的加劲索都逐渐张紧，横架 13 中的横杆失稳变形达到最大状态，铰接头的转角也达到最大值，从而与对角加劲索形成位移协调。至此，纵杆与横架的变形均为平稳变化，并未出现突变的运动学现象。

在此之后，横架 13 的失稳变形在达到最大值之后产生突变，此时，纵杆由弯曲状态迅速伸直，纵杆应力在短时间内突然作用在收拢段上，使之产生一个瞬时增加的周向旋转角速度和轴向平动速度，即伸展臂顶端旋转角速度和拉索拉力的数值均会增大。此后，横架变形逐渐减小并伸直，纵杆也随之逐渐变为伸直状态，在这个过程中旋转角速度出现峰值，随后逐渐减小。在角速度先增大后减小的过程中，纵杆作用在收拢段上的轴向平动始终存在，相应的加劲索拉力也在该过程中持续增大并在角速度稳定后达到最大值。

对应图 4－19（e）中状态，横架 13 失稳后的变形尚未完全恢复，相邻的两节纵杆仍处在过渡段，此时主要的变形已经出现在横架 14 上。

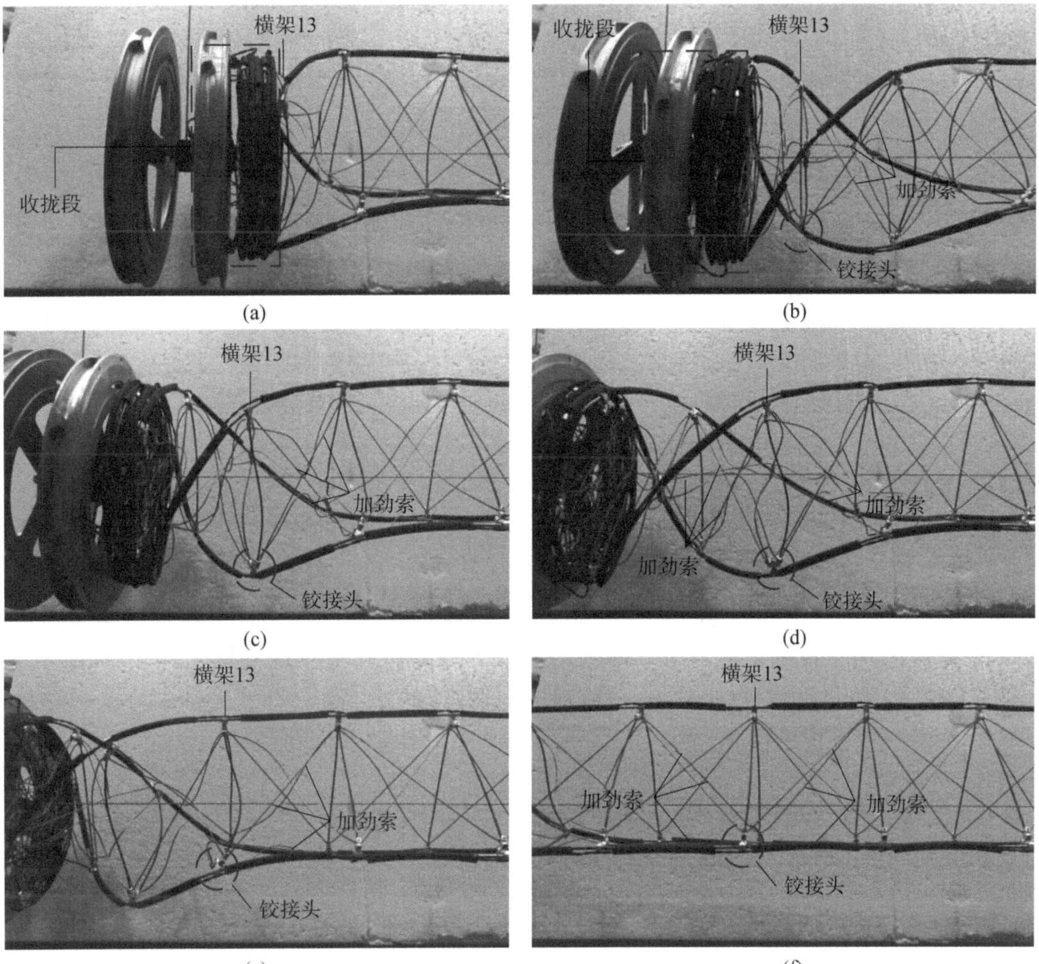

图 4－19　伸展臂匀速展开纵杆/横架变形图

对应图 4－19（f）中状态，横架 13 的失稳变形已经完全恢复，第 13 节的纵杆和对角加劲索也分别达到完全伸直状态和均匀张紧状态。至此，该部分伸展臂实现完全展开，并为横架 14 的展开作基础。

（b）匀速展开的动力学特性分析

图 4－20 给出了电机释放转速为 28 r/min 时伸展臂展开过程的动力学特性。可以发现，22 节伸展臂的展开总时间为 70.8 s，其顶端角速度与拉索拉力均呈现周期性变化。拉索拉力的平均值为 11.45 N，顶端角速度变化幅度较大，其范围约为－44.5～105.5（°）/s。从图中可以注意到，同一个周期中旋转角速度的峰值更明显，而拉索拉力的变化则较为平稳，这说明伸展臂展开时对于顶端的冲击主要来自周向而非轴向。

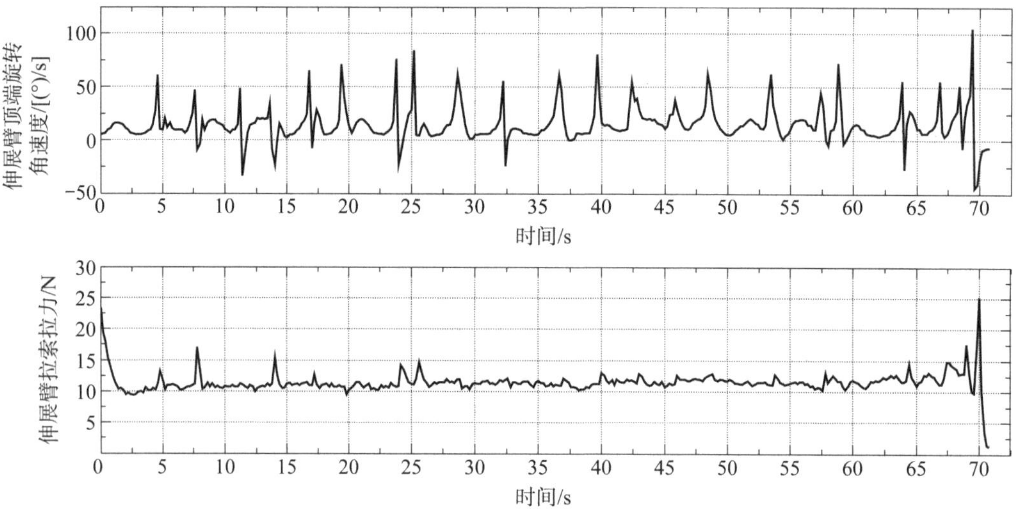

图 4-20 伸展臂微重力环境匀速展开动力学特性（28 r/min）

同样地，可以观测到电机释放转速为 90 r/min 时伸展臂展开过程的动力学特性，如图 4-21 所示。进一步地，可考察不同电机释放转速条件下伸展臂的展开特性：忽略伸展臂展开初期和末期的不均匀性，取中间段进行分析，其拉索拉力和顶端旋转角速度变化范围如表 4-3 所示。可见，随着展开速度的变快，展开过程中对伸展臂顶端的冲击逐渐增大，而拉索拉力的变化则相对减小，这一特征与理论推导一致。

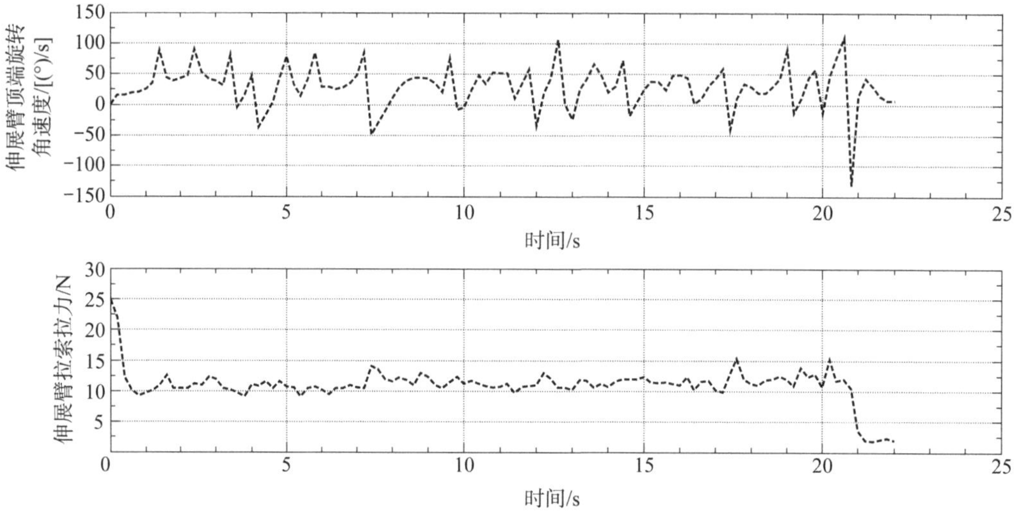

图 4-21 伸展臂微重力环境匀速展开动力学特性（90 r/min）

表 4-3 不同电机释放转速条件下伸展臂展开过程的动力学参数对比

试验序号	电机转速/(r/min)	拉索拉力平均值/N	顶端旋转角速度/[(°)/s]
1	28	11.40	−33.98～84.38
2	90	11.27	−49.51～105.47

(c) 阻尼展开的动力学特性分析

采用 5 N·cm 的旋转阻尼器对伸展臂进行展开，其动力学特性曲线如图 4-22 所示。可以发现，阻尼展开的动力学特性与匀速展开的结果类似，仍然表现出明显的逐层展开周期性特征。取数值变化较均匀的中间段进行分析，阻尼展开时的伸展臂拉索拉力值约为 11.42 N，顶端旋转角速度变化范围为−40.14～+89.94 (°)/s，两项参数与电机释放展开的动力学特性参数也基本一致。

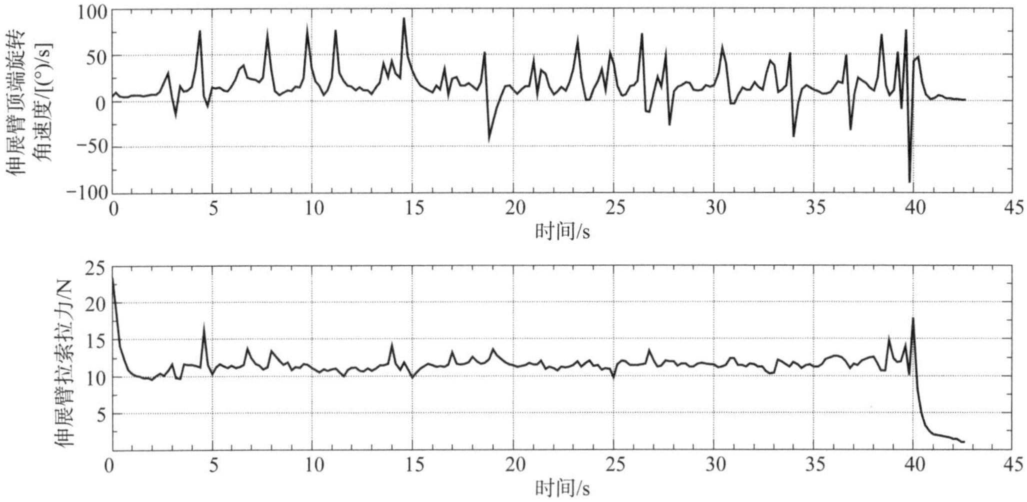

图 4-22　伸展臂微重力环境阻尼展开动力学特性 (5 N·cm)

进一步地，选定 5 N·cm 的旋转阻尼器进行试验，在地面环境下展开时间为 42.6 s。考虑到旋转阻尼器的阻尼力矩大小会随着环境（温度、真空度）的变化而变化，在对阻尼力矩选定时应考虑较大的安全裕量，以满足展开时间的要求。

(3) 试验与仿真结果对比

为更好地研究地面微重力环境下盘绕式伸展臂展开过程的动力学特性，对伸展臂展开的试验结果与同一条件下的仿真结果进行对比研究。

分别在匀速展开和阻尼展开两种情况下对比微重力环境试验与有限元仿真之间的结果，如图 4-23、图 4-24 所示。忽略展开初期和末期的不均匀性，取中间段进行分析，其拉索拉力和顶端旋转角速度变化范围如表 4-4 所示。

表 4-4　伸展臂展开试验与仿真的动力学参数对比

序号	试验条件	拉索拉力平均值/N	顶端旋转角速度/[(°)/s]
1	匀速展开试验	11.40	−33.98～84.38
2	匀速展开仿真	19.13	−23.77～58.85
3	阻尼展开试验	11.42	−40.14～89.94
4	阻尼展开仿真	18.92	−39.54～88.51

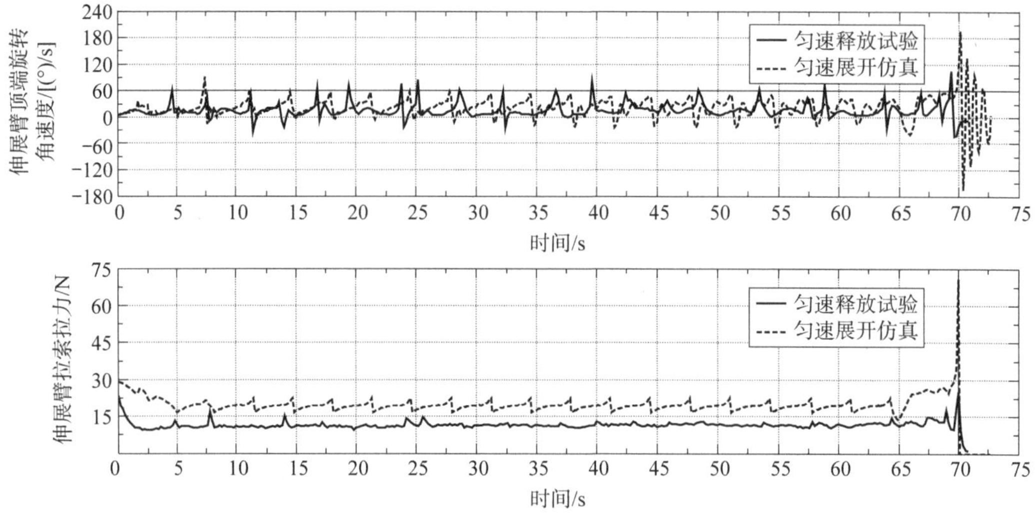

图 4-23　伸展臂匀速展开的试验与仿真对比（见彩插）

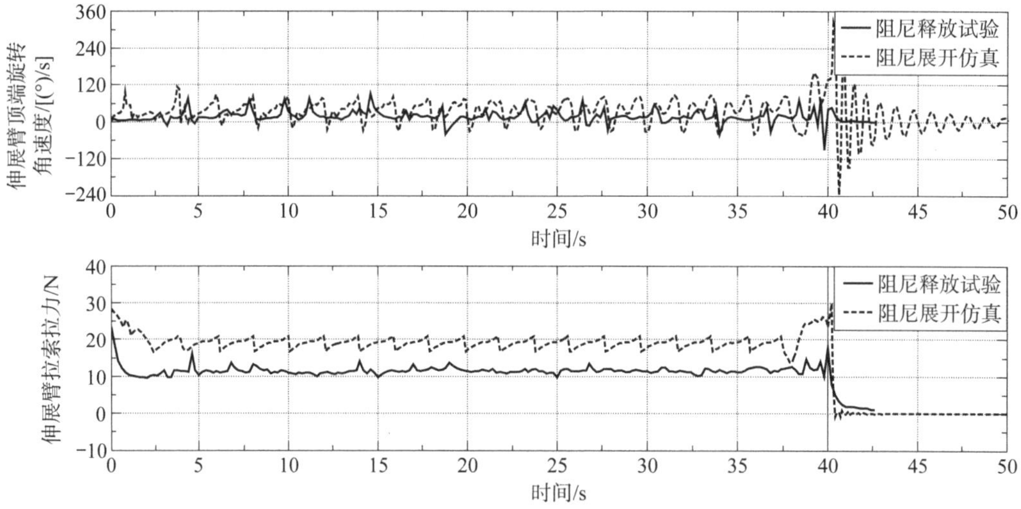

图 4-24　伸展臂阻尼展开的试验与仿真对比（见彩插）

与仿真结果对比，地面微重力条件下的试验结果中顶端旋转角速度的变化范围基本一致，而拉索拉力的数值明显偏小。猜想这主要是建模不准确导致的，使得仿真模型无法完全准确地模拟试验样机中的结构阻尼和摩擦阻尼，进而表现为试验过程中伸展臂收拢储存的应变能有一部分以阻尼的形式耗散出去，而仿真过程不能模拟这一现象。在展开距离不变的情况下，拉力做功减小最终表现为拉力值偏小。

进一步地，对比试验与仿真结果，顶端旋转角速度和拉索拉力均存在周期变化不均匀的现象，这主要是由于试验样机在研制时引入了装配误差、材料特性误差以及测量误差，从而导致了伸展臂各节之间的展开效果存在较大的差异。

第5章　展开机构末端光学载荷展-测-控一体化高精度指向技术

时域天文学主要研究的对象是暂现源和剧烈爆发天体（如黑洞、中子星、超新星爆发等），它是现代天文学一个极其重要的发展方向，也是目前国际天文学的竞争制高点。为了提高观测质量，光学载荷通常有大焦距和高精度的要求。为了满足要求，传统航天器通常安装长达数米的镜筒结构，大大增加了卫星的质量和尺寸包络。盘绕伸展臂作为一种具有高收拢展开比的一维伸展机构，能够在卫星发射阶段盘绕收拢至较小的空间，并在卫星入轨后实现展开。该机构可以替代传统的镜筒结构，在增加光学焦距的同时实现较小的卫星包络尺寸。

盘绕伸展臂是微小卫星平台在轨部署大焦距光学载荷的极优方案，但根据目前在轨应用的情况来看，盘绕式伸展臂多用于重力梯度杆展开、磁强计外伸等低精度应用场景。尽管相较于大型天文卫星来说，微小卫星的单星观测能力允许适当降低，但依靠伸展臂自身的展开精度无法满足光学载荷的要求。因此，需要在盘绕伸展臂上增加精密的光轴调整机构与测量系统，形成光学稳定系统，以同时满足光学系统的大焦距、高精度要求。

综上所述，以盘绕伸展臂作为空间可展开机构的光学成像系统需要具备可测、可控的功能。在本设计中，测量系统同时采用激光 PSD 测量技术和视觉测量技术，保证测量系统的高可靠性和高精度。调整机构采用并联解耦的调整方案，针对主要误差方向进行调校补偿。在控制算法上，本设计提出了基于激光 PSD 的高精度指向控制方法和基于非向量空间的指向控制方法。

5.1　展开机构末端光路测量技术

5.1.1　基于激光-PSD和视觉融合的光路测量方法

(1) 基于激光-PSD的末端测量方法

(a) 位置敏感探测器介绍

当特定波长的光子撞击到 PSD 表面的光电倍增管（PMT）时，会进行光电转换并发射出电子，再经倍增极倍增放大。由于每个倍增极能倍增 5～10 倍的电子，多次倍增后总增益达到 10^6～10^7，足以探测到单个电子。

当光子入射产生光电流后，连接在电阻层两侧的电极会输出电流。对于入射光位置，可根据以下公式决定

$$x = \frac{L_x}{2} \frac{I_{x2} - I_{x1}}{I_{x2} + I_{x1}} \tag{5-1}$$

式中　I ——某方向上的电流；

　　L ——PSD 在某方向上的长度。

对于二维 PSD，确定 y 方向位置的方法、原理和 x 方向类似。而对于激光这种汇聚度很好的光源，当其波长、功率合适时，单束激光照射在 PSD 上能输出稳定的电流，因此可以计算出 PSD 平面上激光落点的坐标。

(b) 基于激光-PSD 的光路偏差测量方法设计

根据测量需求，展开机构末端光学平台上安装 X 射线探测器，并需要保证光路落在焦平面平台的探测器中。为了获取垂直光路在卫星本体上的落点位置，本设计在光学平台上相对于镜片中心对称安装了两个垂直出射的激光器，并在焦平面平台上对应安装了两个 PSD，如图 5-1 所示。

由几何关系易知，镜片光路在焦平面上的成像点位于两束激光在 PSD 上落点的中点。可在后续进行主动位姿控制时，调整伸展臂顶板的位置直到垂直光路的落点进入理想位置。

据此，只需要两个 PSD 同时返回两束激光落点的位置信息，并将读取的 PSD 坐标取平均值，便能获取镜片光路在焦平面的投射坐标，如图 5-1 所示。这一过程无须进行复杂的姿态解算，精度极高（将两个高精度 PSD 的数据直接取平均），或将成为目前最优的在轨实施方案。

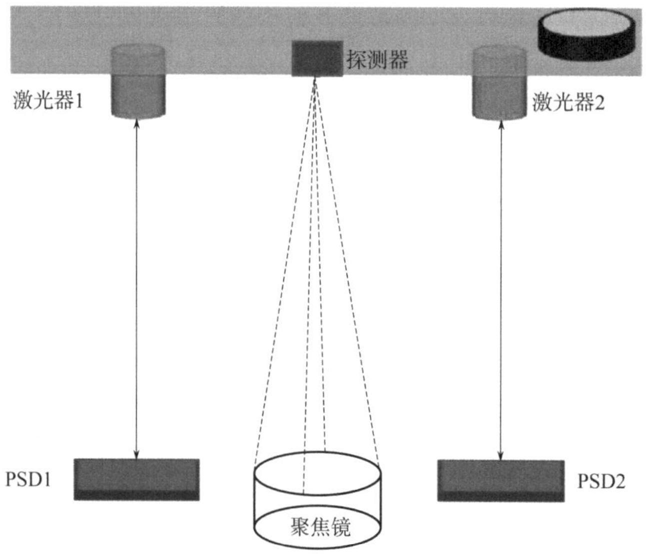

图 5-1　基于激光-PSD 的光路偏差测量方法示意图

(2) 基于单目视觉的末端测量方法

(a) 位姿估计问题描述

在相机的成像模型中，共涉及 4 个坐标系，坐标系之间的关系如图 5-2 所示。

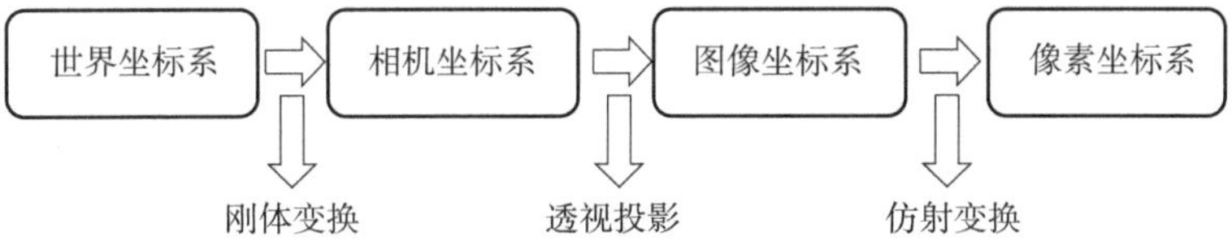

图 5-2　坐标系转换示意图

世界坐标系 S_w：在客观三维世界中选择一个参考坐标系，来描述摄像机和物体的位置，该坐标系称为世界坐标系。设物体 P 在该坐标系下的坐标被记为

$$\boldsymbol{P}_w = [X_w \quad Y_w \quad Z_w]^{\mathrm{T}} \tag{5-2}$$

相机坐标系 S_c：以相机光点为中心，X、Y 轴平行于图像的两条边，光轴为 Z 轴所建立的坐标系。通常将物体 P 在相机坐标系下的位置表述为

$$\boldsymbol{P}_c = [X_c \quad Y_c \quad Z_c]^{\mathrm{T}} \tag{5-3}$$

图像坐标系 S_{img}：以图像中心为坐标原点，X、Y 轴平行于图像两边，物体 P 的坐标值表示为

$$\boldsymbol{P}_{\mathrm{img}} = [X_{\mathrm{img}} \quad Y_{\mathrm{img}}]^{\mathrm{T}} \tag{5-4}$$

像素坐标系 S_{pix}：以图像左上角为原点，X、Y 轴分别平行于图像两边的坐标系，物体 P 的坐标值表示为

$$\boldsymbol{P}_{\mathrm{pix}} = [u \quad v]^{\mathrm{T}} \tag{5-5}$$

世界坐标系中的某一点 $[X_w \quad Y_w \quad Z_w]^{\mathrm{T}}$ 可以通过刚体变换、透视投影、仿射变化得到它在图像中的位置。

世界坐标系和相机坐标系之间通过刚体变换建立联系，世界坐标系中的某一点可以通过旋转 $\boldsymbol{R}$ 和平移 $\boldsymbol{t}$ 转换成相机坐标系中的一点。为了表述方便，采用齐次坐标描述仿射变换，表达式为

$$\begin{bmatrix} X_c \\ Y_c \\ Z_c \\ 1 \end{bmatrix} = \begin{bmatrix} \boldsymbol{R} & \boldsymbol{t} \\ 0 & 1 \end{bmatrix} \begin{bmatrix} X_w \\ Y_w \\ Z_w \\ 1 \end{bmatrix} \tag{5-6}$$

进一步地，记 f 为相机的焦距，相机坐标系和图像坐标系之间通过透视投影建立联系，其转换关系为

$$Z_c \begin{bmatrix} X_{\mathrm{img}} \\ Y_{\mathrm{img}} \\ 1 \end{bmatrix} = \begin{bmatrix} f & 0 & 0 & 0 \\ 0 & f & 0 & 0 \\ 0 & 0 & 1 & 0 \end{bmatrix} \begin{bmatrix} X_c \\ Y_c \\ Z_c \\ 1 \end{bmatrix} = \begin{bmatrix} f & 0 & 0 \\ 0 & f & 0 \\ 0 & 0 & 1 \end{bmatrix} [\boldsymbol{R} \quad \boldsymbol{t}] \begin{bmatrix} X_w \\ Y_w \\ Z_w \\ 1 \end{bmatrix} \tag{5-7}$$

图像坐标系中的 $\boldsymbol{P}_{\mathrm{img}} = [X_{\mathrm{img}} \quad Y_{\mathrm{img}}]^{\mathrm{T}}$，单位是 mm；像素坐标系中的 $\boldsymbol{P}_{\mathrm{pix}} = [u \quad v]^{\mathrm{T}}$，单位是 pix；$\mathrm{d}x$、$\mathrm{d}y$ 代表每一个像素的物理距离，单位为 mm/像素；θ_c 是描述相机传感器畸变的角度（理想传感器的 θ_c 为 90°）；$[u_0 \quad v_0]^{\mathrm{T}}$ 代表该中心点在像素坐标系

下的坐标。进而，图像坐标系到像素坐标系和世界坐标系之间的关系为

$$\begin{bmatrix} u \\ v \\ 1 \end{bmatrix} = \begin{bmatrix} \dfrac{1}{\mathrm{d}x} & -\dfrac{\cot\theta_c}{\mathrm{d}x} & u_0 \\ 0 & \dfrac{1}{\mathrm{d}y\sin\theta_c} & v_0 \\ 0 & 0 & 1 \end{bmatrix} \begin{bmatrix} X_{\mathrm{img}} \\ Y_{\mathrm{img}} \\ 1 \end{bmatrix} = \frac{1}{Z_c} \begin{bmatrix} \dfrac{f}{\mathrm{d}x} & -\dfrac{f\cot\theta_c}{\mathrm{d}x} & u_0 \\ 0 & \dfrac{f}{\mathrm{d}y\sin\theta_c} & v_0 \\ 0 & 0 & 1 \end{bmatrix} [\boldsymbol{R} \quad \boldsymbol{t}] \begin{bmatrix} X_w \\ Y_w \\ Z_w \\ 1 \end{bmatrix} \tag{5-8}$$

记内参矩阵

$$\boldsymbol{K} = \begin{bmatrix} \dfrac{f}{\mathrm{d}x} & -\dfrac{f\cot\theta_c}{\mathrm{d}x} & u_0 \\ 0 & \dfrac{f}{\mathrm{d}y\sin\theta_c} & v_0 \\ 0 & 0 & 1 \end{bmatrix} \tag{5-9}$$

则像素坐标系到世界坐标系的关系为

$$Z_c \begin{bmatrix} u \\ v \\ 1 \end{bmatrix} = \boldsymbol{K} [\boldsymbol{R} \quad \boldsymbol{t}] \begin{bmatrix} X_w \\ Y_w \\ Z_w \\ 1 \end{bmatrix} \tag{5-10}$$

通过拍摄靶标为测量系统提供带约束的特征点信息，可在降低单目视觉位姿估计难度的同时，提高估计精度。由于平面式靶标具有制造简单、加工精度高、安装便利等优点，本设计选用契合任务需求的平面式棋盘格靶，棋盘格内每个角点均作为图像的特征点。取棋盘格左上角的特征点作为世界坐标系的原点，进而将 x_w 轴与 y_w 轴建立在棋盘平面内，z_w 轴则与棋盘平面垂直，方向指向上方。选取世界坐标系后，棋盘格上所有角点的 z_w 坐标均取为零，如图 5－3 所示。

图 5－3　靶标上建立的坐标系

内参矩阵 $\boldsymbol{K}$ 是相机的固有属性，可通过图像标定的方式获取。相机坐标系与图像坐标系之间的关系为

$$\frac{1}{Z_c}\begin{bmatrix}X_c\\Y_c\\Z_c\end{bmatrix}=\begin{bmatrix}X_c/Z_c\\Y_c/Z_c\\1\end{bmatrix}=\boldsymbol{K}^{-1}\begin{bmatrix}u\\v\\1\end{bmatrix} \tag{5-11}$$

即已知特征点对应的像素坐标和内参矩阵条件下，便可获得特征点在相机坐标系内的方向信息，但无法获得长度信息，这符合单目相机会丢失深度信息的特点。记相机坐标系内向量方向为

$$\boldsymbol{p}=[x\quad y]^{\mathrm{T}}=[X_c/Z_c\quad Y_c/Z_c]^{\mathrm{T}} \tag{5-12}$$

由于平面标定板特征点在世界坐标系的 z_w 轴方向坐标均为 0，则图像坐标系到世界坐标系的关系可简化为

$$Z_c\begin{bmatrix}x\\y\\1\end{bmatrix}=[\boldsymbol{R}\quad \boldsymbol{t}]\begin{bmatrix}X_w\\Y_w\\0\\1\end{bmatrix}=[\boldsymbol{r}_1\quad \boldsymbol{r}_2\quad \boldsymbol{t}]\begin{bmatrix}X_w\\Y_w\\1\end{bmatrix} \tag{5-13}$$

式中　$\boldsymbol{r}_i$ ——矩阵 $\boldsymbol{R}=[\boldsymbol{r}_1\quad \boldsymbol{r}_2\quad \boldsymbol{r}_3]$ 的第 i 个列向量。

单应性（Homography）变换用来描述物体在世界坐标系和图像坐标系之间的位置映射关系。对应的变换矩阵称为单应性矩阵。在上述式子中，从世界坐标系到图像坐标系的单应性矩阵定义为

$$\boldsymbol{L}=[\boldsymbol{l}_1\quad \boldsymbol{l}_2\quad \boldsymbol{l}_3]^{\mathrm{T}}=[\boldsymbol{r}_1\quad \boldsymbol{r}_2\quad \boldsymbol{t}] \tag{5-14}$$

其中，$\boldsymbol{l}_i$ 是矩阵 $\boldsymbol{L}$ 的第 i 个行向量的转置，其中包含旋转矩阵 $\boldsymbol{R}$ 和位移向量 $\boldsymbol{t}$ 的信息。

综上所述，位姿估计的问题被转化为：已知标定板上特征点的世界坐标以及特征点对应的图像坐标的方向 $\boldsymbol{p}$，求解单应性矩阵 $\boldsymbol{L}$，对此介绍线性最小二乘法解算图像旋转和位移的方法。

(b) 线性最小二乘法

假设某一张图像中包含 n 个特征点，第 i 个特征点在世界坐标系下的坐标 $\boldsymbol{P}_{wi}$ 和对应的图像坐标方向 $\boldsymbol{P}_i$ 有以下关系

$$\begin{cases}x_i=\dfrac{\boldsymbol{l}_1^{\mathrm{T}}\boldsymbol{P}_{wi}}{\boldsymbol{l}_3^{\mathrm{T}}\boldsymbol{P}_{wi}}=\dfrac{l_{11}X_{wi}+l_{12}Y_{wi}+l_{13}}{l_{31}X_{wi}+l_{32}Y_{wi}+l_{33}}\\ y_i=\dfrac{\boldsymbol{l}_2^{\mathrm{T}}\boldsymbol{P}_{wi}}{\boldsymbol{l}_3^{\mathrm{T}}\boldsymbol{P}_{wi}}=\dfrac{l_{21}X_{wi}+l_{22}Y_{wi}+l_{23}}{l_{31}X_{wi}+l_{32}Y_{wi}+l_{33}}\end{cases} \tag{5-15}$$

其中，世界坐标系下的坐标 $\boldsymbol{P}_{wi}$ 与图像坐标系 $\boldsymbol{P}_i$ 在前文中均有描述。

式（5-15）可变换为

$$\begin{cases}\boldsymbol{l}_1^{\mathrm{T}}\boldsymbol{P}_{wi}-x_i\boldsymbol{l}_3^{\mathrm{T}}\boldsymbol{P}_{wi}=0\\ \boldsymbol{l}_2^{\mathrm{T}}\boldsymbol{P}_{wi}-y_i\boldsymbol{l}_3^{\mathrm{T}}\boldsymbol{P}_{wi}=0\end{cases} \tag{5-16}$$

设中间向量 $\boldsymbol{H}$ 为

$$\boldsymbol{H}=\begin{bmatrix}\boldsymbol{l}_1\\\boldsymbol{l}_2\\\boldsymbol{l}_3\end{bmatrix} \tag{5-17}$$

对同一张图片中的 n 个特征点，由式（5-16）可建立方程

$$\begin{bmatrix}\boldsymbol{P}_{w1}^{\mathrm{T}} & 0 & -x_1\boldsymbol{P}_{w1}^{\mathrm{T}}\\0 & \boldsymbol{P}_{w1}^{\mathrm{T}} & -y_1\boldsymbol{P}_{w1}^{\mathrm{T}}\\\vdots & \vdots & \vdots\\\boldsymbol{P}_{wi}^{\mathrm{T}} & 0 & -x_i\boldsymbol{P}_{wi}^{\mathrm{T}}\\0 & \boldsymbol{P}_{wi}^{\mathrm{T}} & -y_i\boldsymbol{P}_{wi}^{\mathrm{T}}\\\vdots & \vdots & \vdots\\\boldsymbol{P}_{wn}^{\mathrm{T}} & 0 & -x_n\boldsymbol{P}_{wn}^{\mathrm{T}}\\0 & \boldsymbol{P}_{wn}^{\mathrm{T}} & -y_n\boldsymbol{P}_{wn}^{\mathrm{T}}\end{bmatrix}\begin{bmatrix}\boldsymbol{l}_1\\\boldsymbol{l}_2\\\boldsymbol{l}_3\end{bmatrix}=\boldsymbol{AH}=0 \tag{5-18}$$

由于图像误差，该超定齐次方程（5-18）没有非平凡解，因此求解关于 $\boldsymbol{H}$ 的最小二乘解。对 $\boldsymbol{A}_{2n\times9}$ 进行 SVD 分解，有

$$\boldsymbol{A}_{2n\times9}=\boldsymbol{U}_{2n\times2n}\boldsymbol{D}_{2n\times9}\boldsymbol{V}_{9\times9}^{\mathrm{T}} \tag{5-19}$$

取右奇异向量矩阵 $\boldsymbol{V}$ 的最后一列作为中间向量 $\boldsymbol{H}^*$，其对应的单应性矩阵能在 $\|\boldsymbol{H}\|=1$ 时，使得 $\|\boldsymbol{AH}\|$ 最小，即

$$\boldsymbol{H}^*=[v_{91}\quad v_{92}\quad\cdots\quad v_{99}]^{\mathrm{T}}=\underset{\boldsymbol{H}}{\arg\min}\|\boldsymbol{AH}\|,s.t.\|\boldsymbol{H}\|=1 \tag{5-20}$$

此时，求得单应性矩阵为

$$\boldsymbol{L}_1=k_1\begin{bmatrix}v_{91} & v_{92} & v_{93}\\v_{94} & v_{95} & v_{96}\\v_{97} & v_{98} & v_{99}\end{bmatrix} \tag{5-21}$$

其中，系数 k_1 通过单应性矩阵内部的约束确定。

此时，$\boldsymbol{L}_1$ 不一定满足旋转矩阵单位正交的约束。令 $k_1=1$，对 $\boldsymbol{L}_1$ 执行 SVD 分解。

$$\boldsymbol{L}_1=\boldsymbol{U}_L\boldsymbol{D}_L\boldsymbol{V}_L^{\mathrm{T}}=\boldsymbol{U}_L\begin{bmatrix}d_{11} & & \\ & d_{22} & \\ & & d_{33}\end{bmatrix}\boldsymbol{V}_L^{\mathrm{T}} \tag{5-22}$$

令

$$\begin{cases}[\boldsymbol{r}_1'\quad\boldsymbol{r}_2']=\boldsymbol{U}_L\begin{bmatrix}1 & & \\ & 1 & \\ & & 0\end{bmatrix}\boldsymbol{V}_L^{\mathrm{T}}\\\boldsymbol{r}_3'=\boldsymbol{r}_1'\times\boldsymbol{r}_2'\\\boldsymbol{t}'=\dfrac{\boldsymbol{t}}{d_{11}}\end{cases} \tag{5-23}$$

可求解出满足单位正交约束的旋转矩阵 $\boldsymbol{R}=[\boldsymbol{r}_1'\quad\boldsymbol{r}_2'\quad\boldsymbol{r}_3']$ 和位移 $\boldsymbol{t}'$。

(3) 基于激光和视觉融合的末端测量方法

展开机构末端测量主要针对两种工况进行设计，在展开过程中通过视觉测量实现机构末端位姿的粗精度测量。伸展臂完全展开后，通过视觉测量和激光测量对机构末端位姿进行高精度测量，配合调整机构使观测光路垂直入射到探测器中心，如图 5-4 所示。

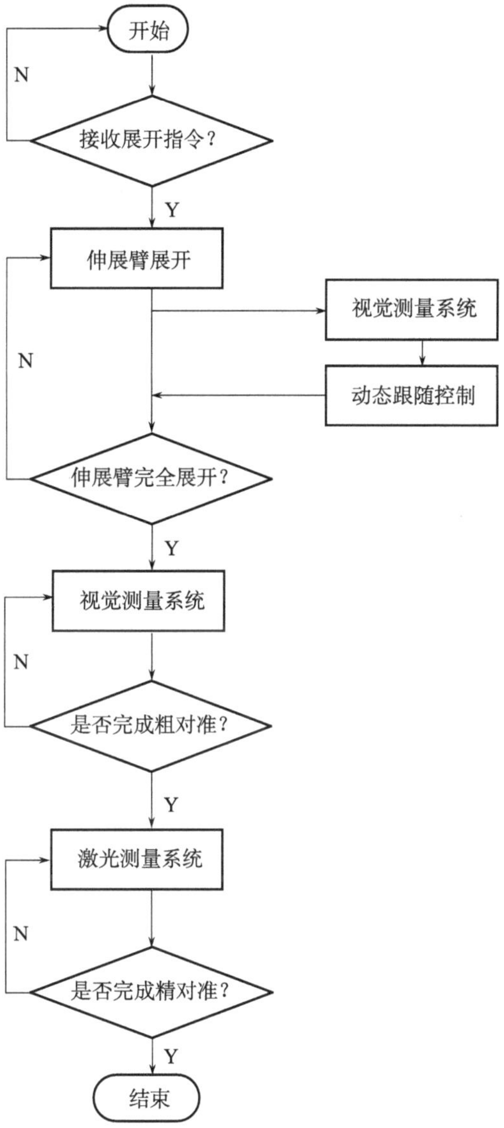

图 5-4　基于激光和视觉融合的末端测量方法

5.1.2　高精度非接触光路测量装置

测量系统由激光-PSD 测量和单目视觉测量两部分组成。根据测量方法对硬件进行布局以及选型，随后对测量系统进行调试，测试其功能性是否满足要求。

（1）激光-PSD 测量系统

根据激光测量方案的设计，需要在光学平台上探测器横向左右两侧等距布置激光器，聚焦镜平台上聚焦镜横向左右两侧等距布置 PSD 位置传感器。其中用于测量的两个 PSD 一个为 4D PSD，另一个则为 2D PSD。同时在地面测试阶段，可以多增加一套激光-PSD 系统，用于模拟在轨观测中的光路调整过程。即在探测器和聚焦镜的位置设置一套激光器-4D PSD 系统，用于评估观测误差中的 T_x、T_y、R_x、R_y。下面需要考虑激光器、PSD 的选型以及装配。

（a）PSD 选型

系统对 PSD 的探测精度要求较高，选取上海昊量光电设备有限公司（以下简称“昊量光电”）的 PSD 产品，如图 5-5 所示。经过测试，该产品能够提供精确的位置信息，可以快速响应光信号的变化，适合动态测量。且结构简单，易于集成到系统中，输出信号易于处理，便于实现自动化控制。

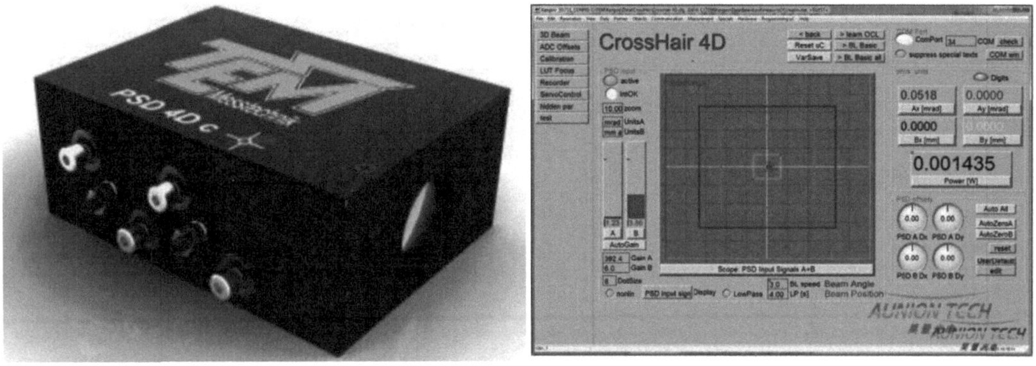

图 5-5　PSD 位置传感器

（b）激光器选型

激光分类的方法有很多，可分为固体、气体、液体、半导体、染料和光纤等几种类型。在太空环境中，激光输出装置必须满足低损耗、高抗损伤、高可靠性、高环境适应性和高抗辐照等要求，因此可选用半导体激光器。关于激光器的参数选取，需要满足 PSD 的测量要求，昊量光电的 PSD 产品要求激光器的波长为 532 nm，激光器功率为 1 mW。最后需要考虑激光器的外形及尺寸。为方便调整和装配，选取圆柱面作为安装表面，要求激光器的安装表面轴心与激光光轴高度重合，如图 5-6 所示。

（c）装配测试

激光测量系统的装配，需要保证装配误差在允许范围内。因激光测量为高精度测量系统，因此在设计加工流程中，需要考虑激光器的装配误差调整功能。激光器的装配采用同轴装配，搭配紧定螺钉进行误差调整。PSD 位置传感器采用周向螺钉定位的方式来保证装配精度，如图 5-7 所示。

图 5 - 6　激光器

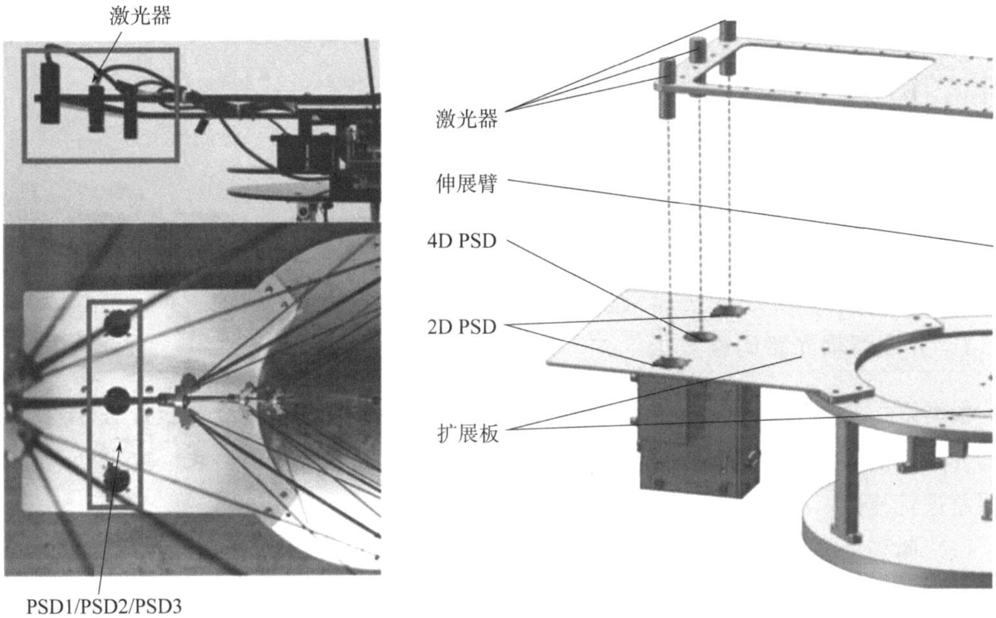

图 5 - 7　激光测量实物装配对照

(2) 单目视觉测量系统

单目视觉测量系统由镜头、相机、单片机、合作目标等组成。在本系统中选用可手动调焦、调光圈的镜头。因为本装置中的视觉测量系统主要用于粗调整，并且采用自动变焦的镜头对于微小卫星代价过大，因此可以通过手动调节的方式将镜头的焦距和光圈调整至合适的位置，可以满足在不同位置上的测量。标靶的设计目前采用纸面标靶，后续可以采用 LED 标靶来满足在不同光线下的测量。视觉测量系统的观测镜头放置在顶部的光学平台上，朝向聚焦镜平台。合作目标则放置在聚焦镜平台上，如图 5 - 8 所示。

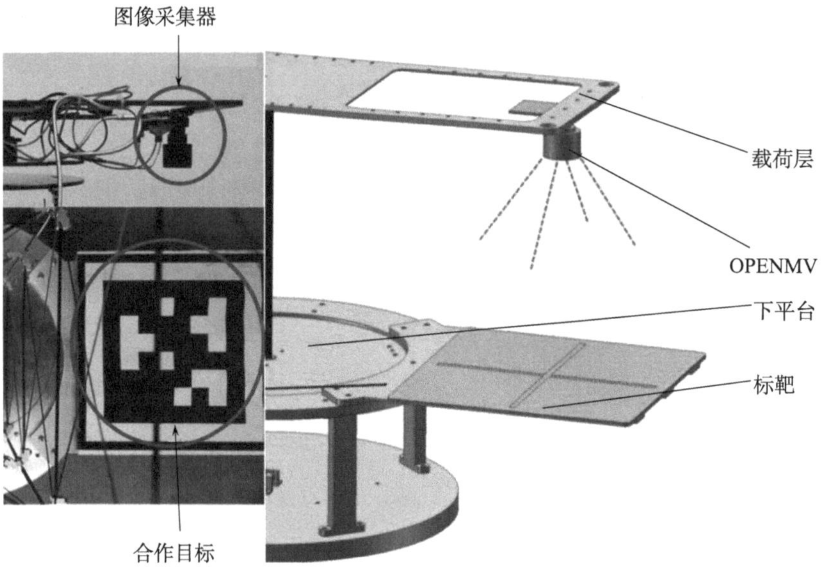

图 5-8 视觉测量系统实物装配对照

5.2 展开机构末端光路调校技术

5.2.1 并联解耦光路调整方法

根据微小卫星空间观测的任务需求，本设计提出了一种基于盘绕伸展臂的可伸展光学载荷方案。由于盘绕伸展臂的展开误差无法满足高精度光学载荷的要求，需设计调整装置对误差进行补偿，从而满足光学观测需求。

(1) 调整系统需求分析

理想情况下，盘绕伸展臂完全展开后，其顶端的光学平台上固连的探测器应定位在理想成像位置。实际上，在伸展臂展开后，其顶部存在一定的位姿误差，可能由以下原因导致：

1) 受到铰链的间隙，伸展臂装配精度及纵杆、横杆塑性变形的影响，盘绕伸展臂展开的位置相对理想情况产生偏离。

2) 在太空中受空间交变热环境影响，盘绕伸展臂产生热变形。

3) 盘绕伸展臂材料真空出气导致伸展臂变形。

上述及其他原因会导致探测器偏离理想成像位置，将降低 X 射线探测器的图像质量，甚至导致光路脱靶而无法成像。考虑到成像任务需要和图像精度需求，需要研究探测器定位误差对成像的影响。

点扩散函数（Point Spread Function，PSF）描述了一个成像系统对于点光源的响应（即点光源经过成像系统后形成的光斑），可用该指标来衡量探测器成像的分辨率。以某型号卫星的 MPO 镜头为对象进行 X 射线观测成像仿真，成像结果为十字臂型 PSF，如图 5 - 9 所示。当探测器存在扭转角时，PSF 会转动相同角度，如图 5 - 10 所示。此时，中心探测器（H50）的成像质量不受影响，且后期可通过图像旋转来恢复原始图像，故探测器在 Z 轴方向的扭转误差可以忽略。

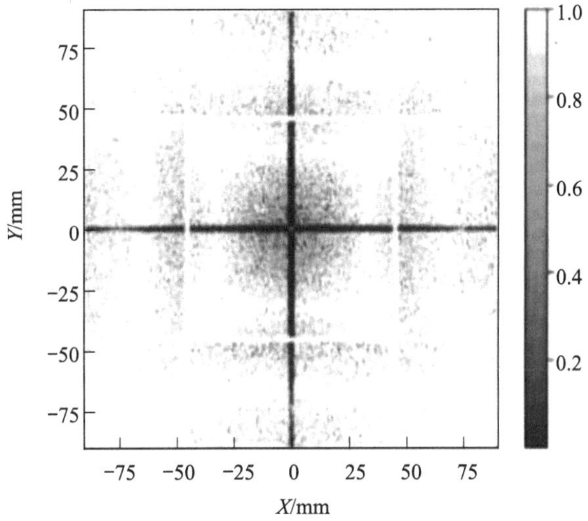

图 5 - 9　十字臂型 PSF（见彩插）

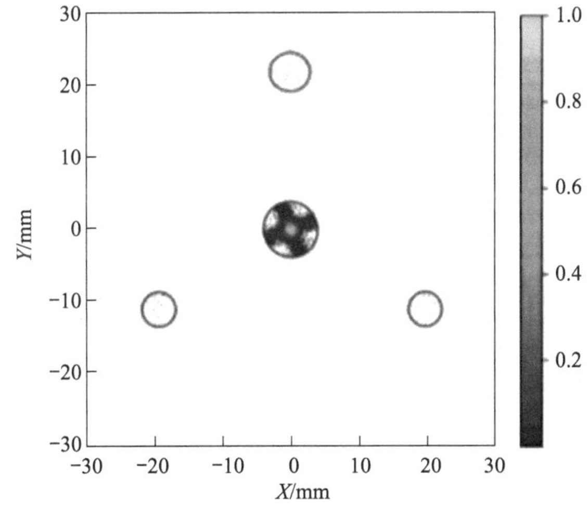

图 5 - 10　镜头存在扭转角时探测器 PSF（见彩插）

盘绕伸展臂沿 Z 轴平移方向的展开精度较高。同时，光学镜头对于 Z 轴的焦距较大（数值为 1 600 mm），当镜头 Z 方向有较小的平动误差时，对点光源经过镜头形成的光斑影响几乎可以忽略。经过仿真分析，焦距误差为±15 mm 时，PSF 焦斑开始模糊，其仿真结果如图 5 - 11 所示。综上所述，该任务不需要对 Z 轴方向的平动误差进行调整。

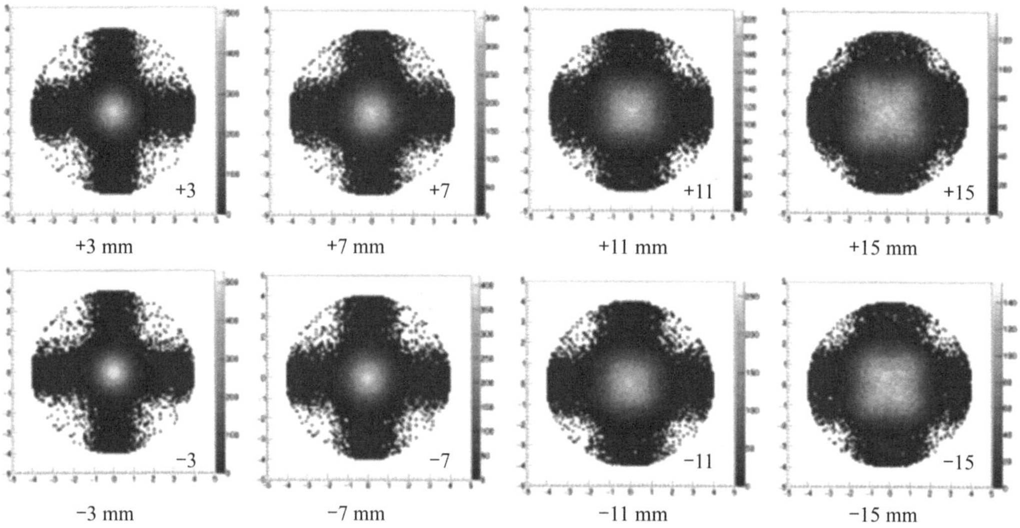

图 5-11　PSD 随焦距误差变化关系

根据以上对光学成像的分析，可以确定对调整装置的功能需求：

1）可以忽略光学镜头沿 Z 轴的角度误差（镜头扭转角）与沿 Z 轴的平移误差（焦距误差）对成像的影响。

2）综合考虑镜头沿 X 轴、Y 轴的角度误差（探测器倾角误差）和沿 X 轴、Y 轴的平移误差（探测器平面误差）的影响，使得镜头光轴尽可能地垂直入射在探测器中心，以提高成像质量。

（2）调整系统整体设计

根据任务需求分析，调整机构需要对探测器在 X 轴和 Y 轴方向上的旋转以及平移进行补偿调整。针对这一特定对象进行高度集成的调整机构设计，给出了基于高精密压电螺钉作动器的 Kelvin 两自由度倾斜调整光学调整架的方案，如图 5-12 所示。此外，本方案建立了消除盘绕伸展臂结构干涉的优化模型，提出了干涉解耦策略的并联式高稳控制方法，解决了结构/控制耦合优化问题，如图 5-13 所示。基于此，构建了具有高精稳控制、精细化验证能力的整体系统。

本设计根据极坐标法给出了用于补偿 X 轴和 Y 轴方向平移误差的方案，即采用高精度转台搭配直线滑台来补偿调整。在满足使用要求的前提下，将所有机构进行集成化设计，最大限度减小其尺寸包络及质量，并将所有对温度感知灵敏的装置集中放置在同一空间内，方便进行热防护等设计。

5.2.2　精巧化光路调整装置

（1）Kelvin 光学调整架原理设计及建模

（a）Kelvin 光学调整架结构设计原理

任何刚体的位置都可以根据六个独立的坐标（相对于某个任意固定坐标系的三个平

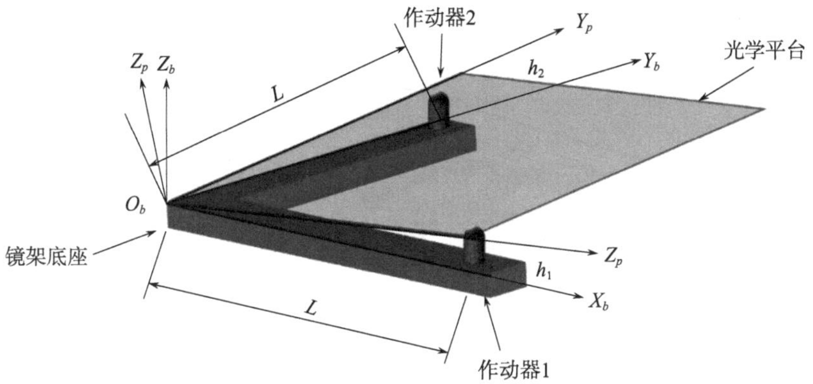

(a)

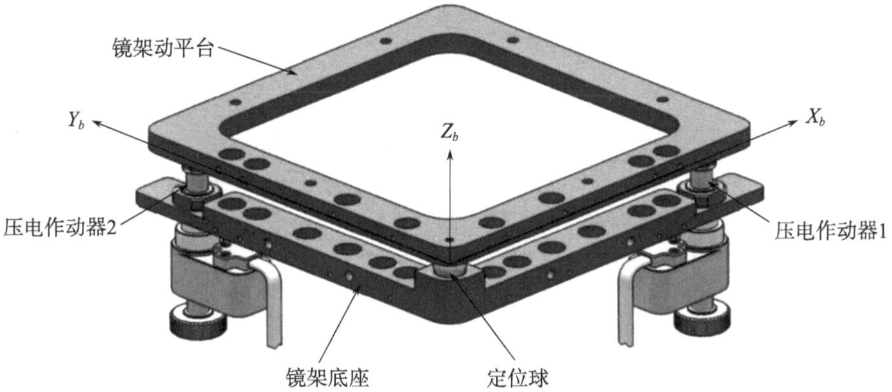

(b)

图 5 - 12　Kelvin 光学调整架结构组成

移和三个旋转）唯一定义。当自由度的数量和物理约束的数量总计为 6 时，物体被精确约束（不存在过约束或欠约束），此时该物体的相对运动关系是确定的。运动支承的设计是基于精确约束理论来实现两个结构间的精确定位，而 Kelvin 光学调整架就是一种运动支承设计。

Kelvin 光学调整架的原理如图 5 - 14 所示，位于一个结构上的三个定位球分别和位于另一个结构上的锥形槽、V 形槽和平面块配合使用。在第一约束上，圆锥块约束了圆球沿 X、Y 和 Z 轴方向的平动自由度。在第二约束上，V 形型槽约束圆球沿 Y 轴方向的平动自由度，同时约束了圆球固连的结构绕 Z 轴和 Y 轴的转动自由度。在第三约束上，平面块约束圆球沿 Z 轴方向的平动自由度，同时约束了圆球固连的结构绕 X 轴的转动自由度。六个非冗余约束使它成为一个运动学支架，能够精确确定两个结构之间的相互位置关系。

（b）部件组成及建模

光学调整架由固定板、活动板、驱动结构（螺纹副）、复位机构（拉簧）、锁紧机构等部分组成。Kelvin 构型的光学调整架的优点有：

1）稳定性高，精度高，可移动性和重复定位精度高。

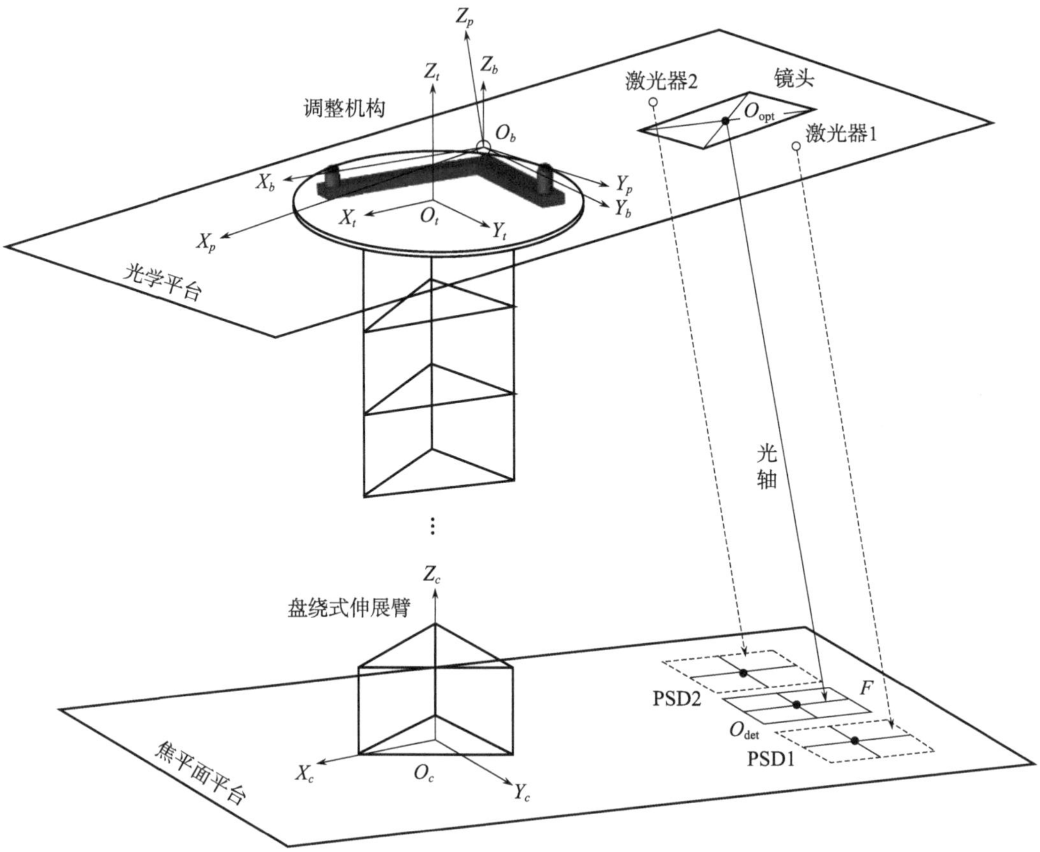

图 5-13　结构/控制耦合优化模型

2）受温度变化影响小。当环境温度改变时，Kelvin 光学调整架中锥形槽、V 形槽和平面块均会产生热膨胀/收缩，但不会引入太大倾角。

3）结构简单紧凑。Kelvin 镜架上的精密螺纹副将螺钉转动变换为轴向平动，以实现螺钉球头在 Z 方向的位置调节，这种直线作动器的体积远小于传统直线作动器，因此体积较为紧凑。

（2）转台及直线滑台原理设计及建模

(a) Z 轴转台设计

转台的设计主要依靠精细的机械结构和先进的控制系统来实现高精度、高稳定性的旋转。其主要由转台本体、电机、编码器、控制系统等关键部分组成。

1）转台本体运动模型。

首先，分析固定对象、回转对象以及回转中心的位置。根据任务需求以及盘绕伸展臂的展开性能，可以确定转台的回转轴与盘绕伸展臂顶部在展开过程中的旋转中心轴相重合。一般转台设计中将底座设定为固定对象，上部载荷板设置为回转对象，本转台设计中沿用此种相对关系，如图 5-15 所示。

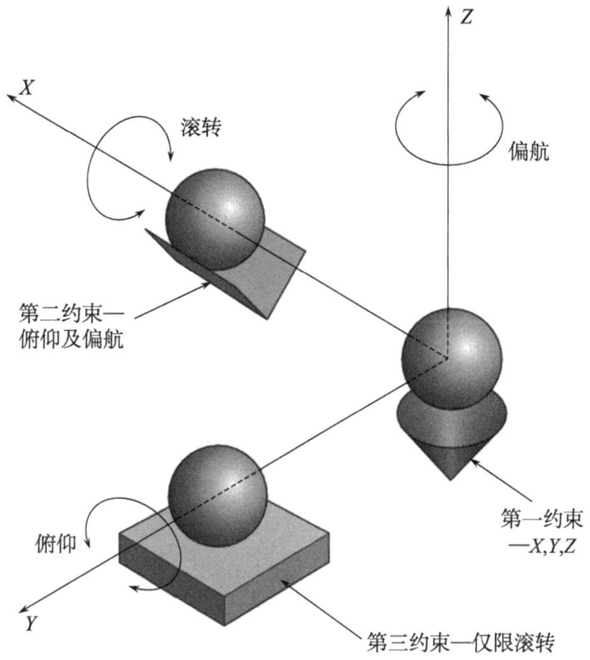

图 5 - 14　Kelvin 运动约束示意图

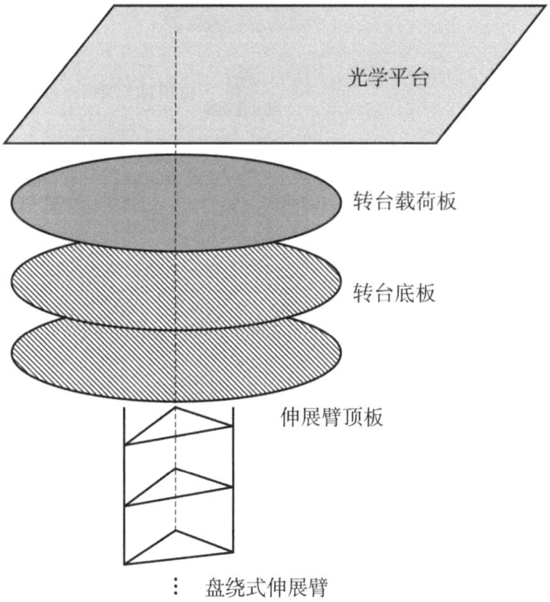

图 5 - 15　转台本体运动模型原理图

根据回转中心以及位置关系，得出伸展臂顶板与转台底板是固连关系，光学平台与转台载荷板为固连关系，转台载荷板与转台底板之间由一个旋转副来约束。

2）整体设计与模型建立。

确定转台运动关系后，可进行整体机械设计。因尺寸包络等要求，需对转台与伸展臂之间的连接进行融合设计，使连接层既可为转台提供旋转副的约束，又可以起到连接固定的作用，从而在整体上减小装置的包络尺寸。对此，本设计将转台轴承设置在转台底板与转台载荷板之间。连接法兰的底座与转台底板以及转台轴承的内圈固连，同时，连接法兰的连接筒和直流减速电机的输出端连接。电机输出端与连接筒采用D型孔轴和对位紧定螺钉进行连接。直流减速电机主体布置在转台载荷板上，其输出轴穿过转台载荷板和连接法兰固连。电机控制的硬件部分包括单片机和电机驱动，采用一体化设计，与直流减速电机布置在同层，从而在方便走线的同时，提高空间利用率，如图5-16所示。

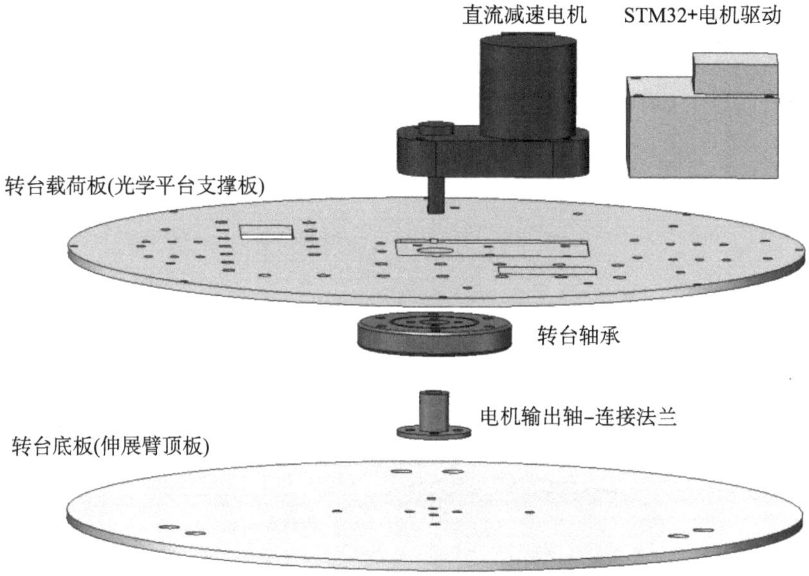

图5-16 转台模型设计图

（b）直线滑台设计

直线滑台在原理上比较简单，主要由滑轨约束两个平面之间的其余五个自由度，只保留一个方向上的平动自由度，再使用直线作动器作为驱动，控制两个平面之间的相对位移。主要的设计约束在于尺寸包络及作动精度，因此滑台的机械设计与作动器的选取是关键问题。

调整机构一共具备四个自由度，其中三个自由度为坐标系中 X、Y、Z 轴的旋转，而直线滑台则负责空间中的平动自由度。为降低光学平台位姿解算的难度，直线滑台应布置在调整机构的顶部。在 Kelvin 光学调整架的设计中，镜架动平台的设计为方形框支撑，内部为中空设计，可将直线滑台的作动部分及滑轨部分嵌入到镜架动平台中，从而达到减小尺寸包络的目的，如图5-17所示。

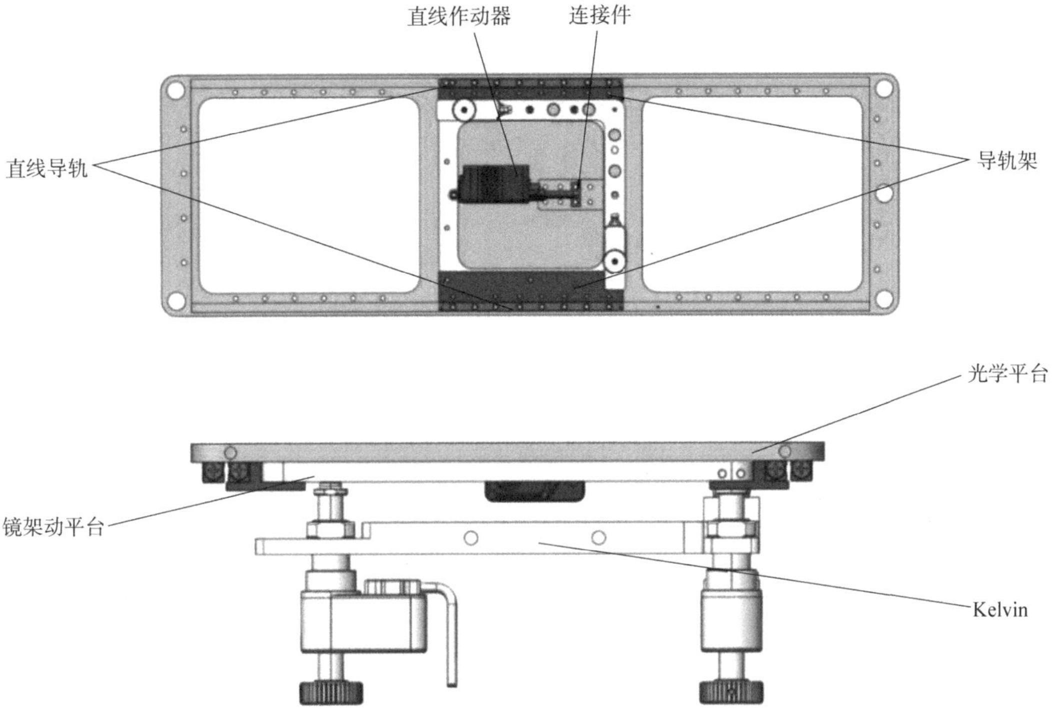

图 5-17　直线滑台设计（见彩插）

（3）精巧化调整装置研制

（a）Kelvin 镜架尺寸设计

镜架底座通过螺栓与伸展臂顶板固连，同时承担着安装作动器和定位球的功能。镜架底座被设计为 L 型，在结构的两端预留有安装孔，压电螺钉在该处通过连接器与镜架底座固连。

镜架动平台负责承载光学平台，设计为方形框架，可为顶部的光学平台提供稳定支撑。镜架底座和镜架动平台的材料选用硬铝合金 2A12，表面做阳极氧化处理，其平面图如图 5-18 和图 5-19 所示。

在镜架底座和镜架动平台的对角处设计了一个锥形凹槽，用于放置定位圆球。圆球选用直径为 9.5 mm 的不锈钢轴承钢珠。锥形槽半径为 4.4 mm，锥角为 45°，其尾部做通孔处理。为了减少平面块与螺杆球头的磨损，镜架动平台的平面块约束处设计一个深 2.5 mm、直径 6 mm 的圆形沉槽，并装入一厚度为 2.5 mm 的钢片。镜架动平台 V 形槽约束处设计了一个长方形沉槽，内部装入两个圆柱作为导轨，便于加工安装，并在起到限位作用的同时，减少摩擦损耗。

为了提高镜架动平台和底座间距离的调节精度，镜架的作动器采用压电螺钉，其结构如图 5-20 所示。

在压电螺钉和拉簧之间的区域共有 6 个拉簧，两端位于镜架底座和动平台上预留的安装孔里，通过螺纹销连接到底座和平台上，为底座和动平台之间提供预紧力。对设计的光学调整机构进行加工装配，实物如图 5-21 所示，参数如表 5-1 所示。

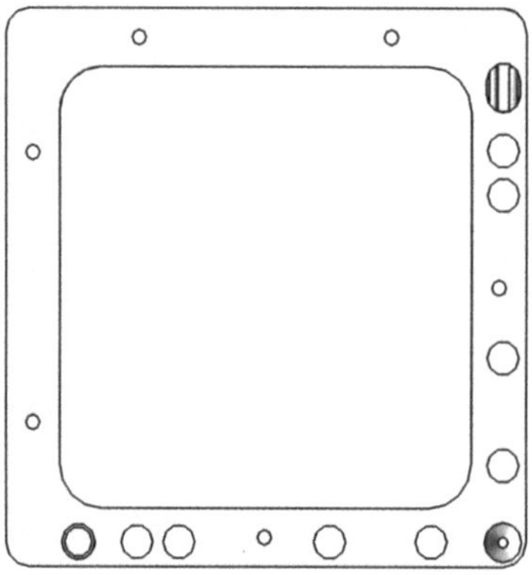

图 5-18　镜架动平台仰视图

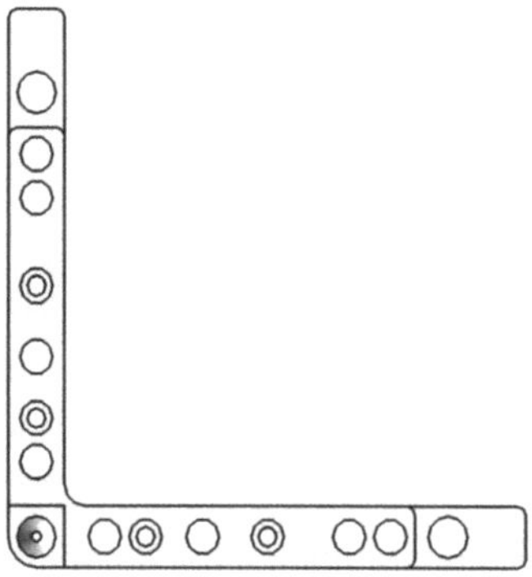

图 5-19　镜架底座俯视图

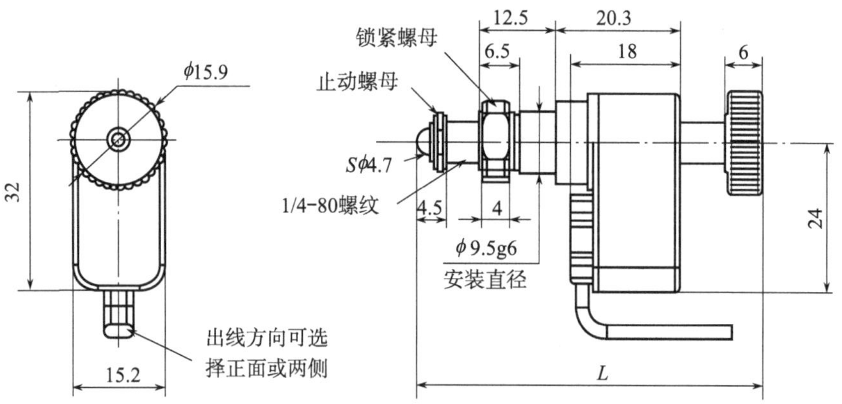

图 5-20　压电螺钉作动器结构图

图 5-21　光学调整机构实物样机

表 5-1　镜架设计参数

参数	参数值	单位
运动自由度	俯仰、滚转	
调节范围	±3.5	(°)
包络尺寸	116×116×18	mm×mm×mm
灵敏度	0.35	μrad
作动器	压电螺钉	
控制器	E53.C4K	
压电螺钉连接器	RJ11	

(b) 镜架作动器选择

本设计选用哈尔滨芯明天科技有限公司（以下简称“芯明天公司”）生产的 N81.13K 压电螺钉。该作动器在全行程内具有高精度分辨率和较大的额定负载，设计结构紧凑，具有出色的长期稳定性，并能在断电情况下继续保持在设定位置，可用于光学调整机构的在轨自动调节。作动器参数如表 5-2 所示。

表 5-2　压电螺钉参数

参数	参数值	单位
型号	N81.13K	
行程	13	mm
直线最小步长	35	nm

续表

参数	参数值	单位
旋转分辨率	<50	μrad
直线运动负载	30	N
最大驱动频率	2.2	kHz
最大运行速度	3	mm/min
质量	30	g
控制器	E53.C4K	

控制器选用芯明天公司的 E53.C4K 驱动器。控制器驱动主要采用 DAC 芯片将数字控制量转换为模拟的锯齿波信号，再由功率放大器将信号放大到适合驱动压电陶瓷的电压。虽然控制器内部只有一个驱动电路，但可以通过继电器切换驱动电路连接的压电螺钉，实现多作动器控制。控制器的参数如表 5-3 所示。

表 5-3　压电螺钉控制器参数

参数	参数值
供电输入电压/V	24V DC/1A
静态功耗/W	<5
D/A 转换器	16 bit
通信接口	USB、RS-422、RS-232
标称输出电压范围/V	0～120
峰值电流/A	1
平均电流/mA	60
额定输出功率/W	9
通信连接器	DB9、MicroUSB、DB9
尺寸/mm^3	150×80×27.5
质量/kg	0.36

(c) 转台电机选型

Z 轴转台的主要功能为实现位置控制和动态跟随，需要满足响应迅速、电机驱动力大、转速阈值宽等要求。综上所述，可以采用直流电机搭配减速器的方式来满足需求。本设计选用 MG513X 直流减速电机，其实物图如图 5-22 所示，性能指标如表 5-4 所示。

图 5-22 直流减速电机实物图（MG513X）

表 5-4 直流减速电机性能指标

型号	霍尔编码器
减速比	1∶28
额定电压/V	12
额定电流/A	0.36
堵转电流/A	3.2
减速后空载转速/(r/min)	370
减速后额定转速/(r/min)	300
额定扭矩/kgf · cm①	1
堵转扭矩/kgf · cm	4.5
功率/W	4
质量/g	169

(d) 转台轴承选型

转台载荷板具有支撑作用，并有一定的精度要求，本设计选用回转轴承 GL XRU1008UUCCOP4，如图 5-23 所示。此外，转台本体的固定底板内应设置与电机转轴固连的机械结构，在转台本体的载荷板上也应设计与电机本体固连的机械接口。

(e) 直线作动器选型

对于本设计中的直线作动器，要求精度高、尺寸包络小、重量轻，根据现有技术约束，首选微型伺服电缸作为直线作动器。根据装置尺寸和构型，最终选取因时机器人 LAS16-031P 微型伺服电缸作为直线作动器，如图 5-24 所示。

① 1 kgf · cm=0.098 N · m

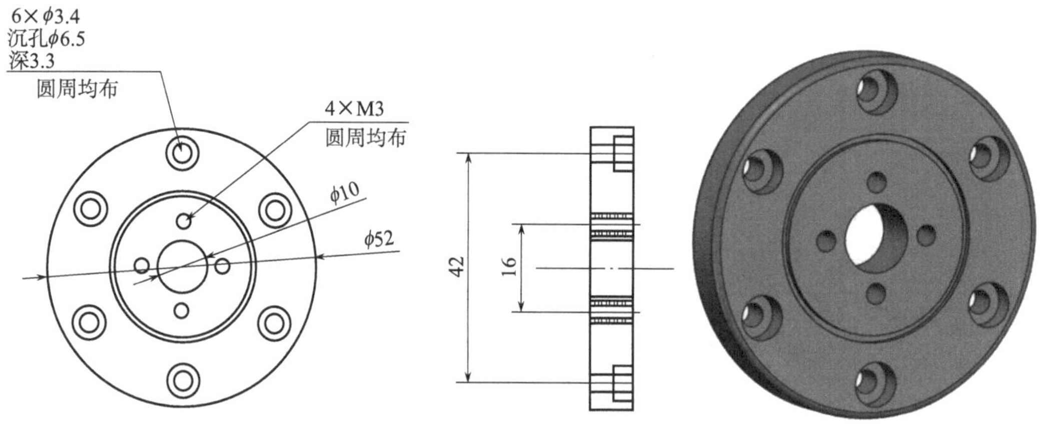

图 5-23　回转轴承（P4）

图 5-24　微型伺服电缸及驱动

（f）精巧化调整装置的整体装配

按照预先设计的装配流程进行装配，如图 5-25 所示。首先，调试各个自由度是否存在过约束或干涉问题。随后，调试至各个设备均能顺滑调整的状态，实物装配如图 5-26 所示。

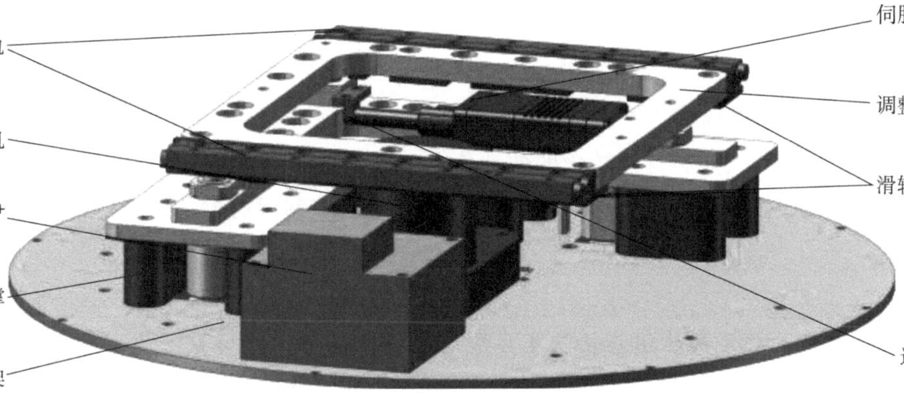

图 5-25　末端调整系统整体建模图（见彩插）

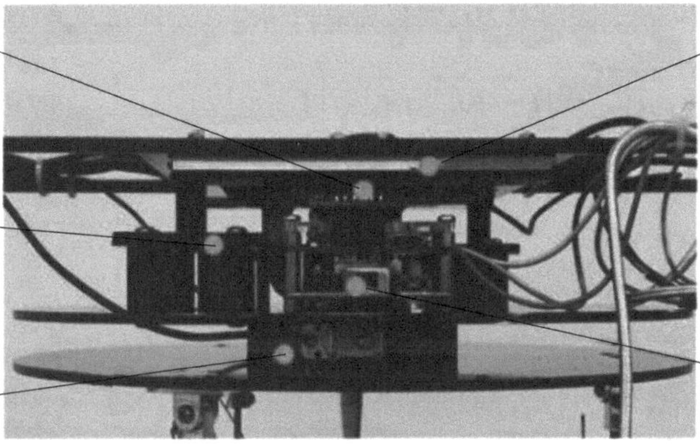

图 5-26　末端调整系统实物装配图

5.3　展开机构末端光路指向控制技术

5.3.1　基于激光-PSD 测量的光路指向控制方法

（1）静态对准误差控制

假设在一定时间内，展开机构的展开误差随时间变化可以忽略，则系统的 $\boldsymbol{B}_k$ 和 $\boldsymbol{r}_k$ 可视为常值，$\boldsymbol{f}_k$ 视为 0，则对准误差的状态转移方程可写为

$$\begin{cases}\boldsymbol{e}_{k+1}=\boldsymbol{e}_k+\boldsymbol{B}\boldsymbol{u}_k \\ \boldsymbol{z}_k=\boldsymbol{H}\boldsymbol{e}_k\end{cases} \tag{5-24}$$

若希望对准误差被控制到目标点 $\boldsymbol{s}_k$，可令 $\boldsymbol{e}_{k+1}=\boldsymbol{s}_k$，得到比例控制律

$$\boldsymbol{u}_k=-\hat{\boldsymbol{B}}^{-1}\boldsymbol{H}^{-1}(\boldsymbol{z}_k-\boldsymbol{s}_k) \tag{5-25}$$

其中，$\hat{\boldsymbol{B}}$ 是对矩阵 $\boldsymbol{B}_k$ 的估计，即

$$\hat{\boldsymbol{B}}=\frac{\hat{k}_{PZT}L_f}{L}\begin{bmatrix}c\hat{\varepsilon}_z & -s\hat{\varepsilon}_z\\ s\hat{\varepsilon}_z & c\hat{\varepsilon}_z\end{bmatrix}=\frac{k_{PZT}L_p}{gL}\begin{bmatrix}c\hat{\varepsilon}_z & -s\hat{\varepsilon}_z\\ s\hat{\varepsilon}_z & c\hat{\varepsilon}_z\end{bmatrix} \tag{5-26}$$

式中 $\hat{k}_{PZT}$ ——压电螺钉步进步长的估计值；

$\hat{\varepsilon}_z$ ——盘绕式伸展臂扭转角的估计值。

假设实际光程 L_p 相较于焦距 L_f 变化较小，比例控制律的增益为

$$g=\frac{k_{PZT}L_p}{\hat{k}_{PZT}L_f}\approx\frac{k_{PZT}}{\hat{k}_{PZT}} \tag{5-27}$$

其中，g 表示作动器步进步长的实际值与估计值的比值，反映了比例控制律的增益大小。g 越大，说明作动器步进步长的估计值越小，那么控制律计算出的步进步数会越大，会导致实际控制量大于对准所需的控制量。同理，g 越小，则会导致实际控制量小于对准所需的控制量。

将式（5－26）代入式（5－24），得到受控情况下对准误差的状态方程为

$$\tilde{\boldsymbol{e}}_{k+1}=(\boldsymbol{I}-\boldsymbol{B}\hat{\boldsymbol{B}}^{-1})\,\tilde{\boldsymbol{e}}_k=\left(\boldsymbol{I}-g\begin{bmatrix}c\tilde{\varepsilon}_z & -s\tilde{\varepsilon}_z\\ s\tilde{\varepsilon}_z & c\tilde{\varepsilon}_z\end{bmatrix}\right)\tilde{\boldsymbol{e}}_k \tag{5-28}$$

其中，$\tilde{\boldsymbol{e}}_k=\boldsymbol{e}_k-\boldsymbol{s}$ 为对准误差 $\boldsymbol{e}_k$ 与目标点 $\boldsymbol{s}$ 之间的对准误差差值；$\tilde{\varepsilon}_z=\varepsilon_z-\hat{\varepsilon}_z$ 为扭转角的实际值与估计值的误差。

进而，第 $k+1$ 个控制周期的对准误差大小可整理为

$$\begin{aligned}|\tilde{\boldsymbol{e}}_{k+1}|^2&=[(1-gc\tilde{\varepsilon}_z)\tilde{e}_{xk}+gs\tilde{\varepsilon}_z\tilde{e}_{yk}]^2+[-gs\tilde{\varepsilon}_z\tilde{e}_{xk}+(1-gc\tilde{\varepsilon}_z)\tilde{e}_{yk}]^2\\&=(1+g^2-2g\cos\tilde{\varepsilon}_z)(\tilde{e}_{xk}^2+\tilde{e}_{yk}^2)\\&=(1+g^2-2g\cos\tilde{\varepsilon}_z)\,|\tilde{\boldsymbol{e}}_k|^2\end{aligned} \tag{5-29}$$

记系统收敛速度为

$$\alpha=|\tilde{\boldsymbol{e}}_{k+1}|/|\tilde{\boldsymbol{e}}_k|=\sqrt{1+g^2-2g\cos\tilde{\varepsilon}_z} \tag{5-30}$$

令 $\alpha<1$，求得系统收敛的条件为

$$\begin{cases}0<g<2\\ g-2\cos\tilde{\varepsilon}_z<0\end{cases} \tag{5-31}$$

此时有

$$0\leqslant\lim_{n\to\infty}|\tilde{\boldsymbol{e}}_{k+n}|\leqslant\lim_{n\to\infty}\alpha^n|\tilde{\boldsymbol{e}}_k|=0 \tag{5-32}$$

即随着控制周期的增长，对准误差与静态目标点间的差值会指数收敛至 0。当设置控制的目标点 $\boldsymbol{s}_k$ 随控制周期缓慢变化时，比例控制律会控制对准误差 $\boldsymbol{e}_k$ 跟踪 $\boldsymbol{s}_k$，实现轨迹跟踪。该控制器流程图如图 5－27 所示。

设置控制的目标点为 $\boldsymbol{s}_k=\boldsymbol{0}$，此时 $\boldsymbol{e}_k=\tilde{\boldsymbol{e}}_k$，则系统会通过比例控制律消除对准误差，完成对准误差控制。

（2）低频动态误差控制

展开机构在轨时会受到环境的各种扰动，往往存在动态的光轴对准误差。这些误差按

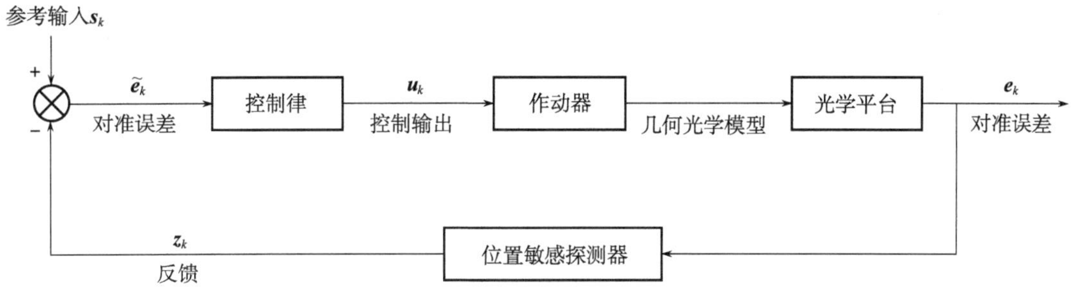

图 5-27　静态对准误差控制器

频率可分为低频误差信号和高频误差信号，而所设计的调整机构有较高的调整精度，能很好地胜任低频信号控制任务。卫星在轨运行时，展开机构会产生热应变，导致光学平台的位置误差会随时间缓慢周期性变化，此时系统的离散状态方程为

$$\begin{cases} \boldsymbol{e}_{k+1} = \boldsymbol{e}_k + \boldsymbol{B}\boldsymbol{u}_k + \boldsymbol{f}_k \\ \boldsymbol{z}_k = \boldsymbol{H}\boldsymbol{e}_k \end{cases} \tag{5-33}$$

其中，第 k 个任务周期内的对准误差扰动需在第 $k+1$ 个周期内测得。在没有预测误差变化规律的前提下，$\boldsymbol{f}_k$ 至少在第 $k+1$ 个控制周期中才能被补偿。因此，受时滞效应影响，控制系统稳定后一定存在对准误差。对反馈信号，采用上一控制周期的对准误差测量值。本设计选用的低频动态误差控制器与静态误差控制器相同，区别在于光学平台受到影响时，会使得对准误差中产生低频扰动 $\boldsymbol{f}_k$， 如图 5-28 所示。控制律仍采用比例控制律

$$\boldsymbol{u}_k = -\hat{\boldsymbol{B}}^{-1} \boldsymbol{H}^{-1} \boldsymbol{z}_k \tag{5-34}$$

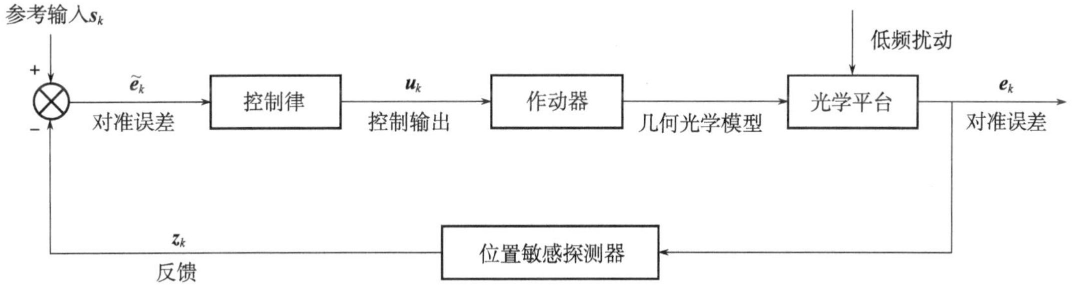

图 5-28　低频动态对准误差控制器

此时，受控状态下系统状态方程变为

$$\begin{aligned} \boldsymbol{e}_{k+n} &= (\boldsymbol{I} - \boldsymbol{B}\hat{\boldsymbol{B}}^{-1})\, \boldsymbol{e}_{k+n-1} + \boldsymbol{f}_{k+n-1} \\ &= (\boldsymbol{I} - \boldsymbol{B}\hat{\boldsymbol{B}}^{-1})^2\, \boldsymbol{e}_{k+n-2} + (\boldsymbol{I} - \boldsymbol{B}\hat{\boldsymbol{B}}^{-1})\, \boldsymbol{f}_{k+n-2} + \boldsymbol{f}_{k+n-1} \\ &= (\boldsymbol{I} - \boldsymbol{B}\hat{\boldsymbol{B}}^{-1})^n\, \boldsymbol{e}_k + \sum_{i=1}^{n} (\boldsymbol{I} - \boldsymbol{B}\hat{\boldsymbol{B}}^{-1})^i \boldsymbol{f}_{k+i-1} \end{aligned} \tag{5-35}$$

考虑到热应变这一类动态过程变化周期较长、误差较小，可以认为在一个任务周期内，动态误差 $\boldsymbol{f}_k$ 的模长很小，且存在最大值 f_m 。由式 (5-29)，可得

$$
\begin{aligned}
|\boldsymbol{e}_{k+n}| &\leqslant |(\boldsymbol{I}-\boldsymbol{B}\hat{\boldsymbol{B}}^{-1})^{n}\boldsymbol{e}_{k}|+\sum_{i=1}^{n}|(\boldsymbol{I}-\boldsymbol{B}\hat{\boldsymbol{B}}^{-1})^{i}\boldsymbol{f}_{k+i-1}| \\
&< \alpha^{n}|\boldsymbol{e}_{k}|+\sum_{i=1}^{n}\alpha^{n}|\boldsymbol{f}_{k+i-1}| \\
&< \alpha^{n}|\boldsymbol{e}_{k}|+\sum_{i=1}^{n}\alpha^{n}f_{m} \\
&= \alpha^{n}|\boldsymbol{e}_{k}|+\frac{1-\alpha^{n+1}}{1-\alpha}f_{m}
\end{aligned}
\tag{5-36}
$$

故随着控制周期的增加，系统的对准误差将收敛到如下范围

$$
\lim_{n\to\infty}|\boldsymbol{e}_{k+n}|<\frac{f_{m}}{1-\alpha} \tag{5-37}
$$

对于减小动态系统的对准误差，有以下两种方法：一方面，可以提高光学平台扭转角和作动器运动步长的估计精度来减小 α，以此提高误差的收敛速度；另一方面，可提高作动器的运动速度来缩短控制周期的时间，以减少对准误差变化量 $\boldsymbol{f}_k$ 的模长。

（3）高频动态误差抑制

在轨运行期间，卫星平台的姿态调整、指向控制、太阳能电池阵调整、星上运动部件周期性运动等因素将引发微小颤振，可能使盘绕伸展臂和光学平台产生幅值较小的振动响应。卫星平台的微小振动是不可避免的，但调整机构受到运动速度的约束，无法补偿振动对对准误差的影响，进而需要避免高频运动对对准控制算法的影响。针对该问题，设计了RC滤波器和卡尔曼滤波器，通过它们的串联起到抑制高频动态误差的作用，提高控制系统的稳定性。

（a）RC滤波器

测量系统的采样频率足以实时测量光学平台的位置变化，但以PSD原始采样信号作为控制器输入，考虑到作动器运动速度的限制，控制系统会一直尝试跟随高频运动，使得调整机构无法稳定在系统平衡时的光轴位置。本设计为测量系统增加了低通滤波器，使得控制系统跟随光学平台位置变化的低频分量。一阶RC滤波是一种常用的低通滤波器，具有简单易用、响应速度快等优点，其原理如图5-29所示。

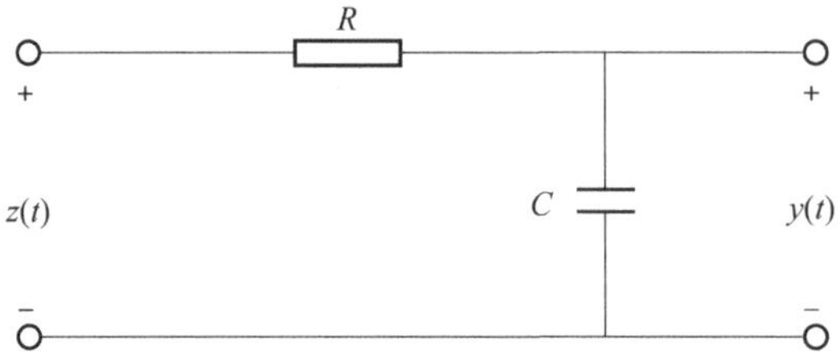

图5-29　RC滤波器原理图

滤波器的微分方程为

$$RC\frac{\mathrm{d}y(t)}{\mathrm{d}t}+y(t)=z(t) \tag{5-38}$$

令截止频率为

$$\omega_c=\frac{1}{RC} \tag{5-39}$$

其传递函数为

$$H(s)=\frac{y(s)}{z(s)}=\frac{1}{RCs+1}=\frac{\omega_c}{s+\omega_c} \tag{5-40}$$

RC 滤波器的频响函数为

$$H(\mathrm{j}\omega)=\frac{1}{1+\mathrm{j}\dfrac{\omega}{\omega_c}} \tag{5-41}$$

其幅值和相角函数为

$$|H(\mathrm{j}\omega)|=\frac{1}{\sqrt{1+\left(\dfrac{\omega}{\omega_c}\right)^2}},\ \theta(\mathrm{j}\omega)=-\arctan\frac{\omega}{\omega_c} \tag{5-42}$$

估计盘绕伸展臂的振动基频约为 1Hz，基于此选取滤波器截止频率。所设计的滤波器的 Bode 图如图 5－30 所示，可见 1 Hz 的信号被衰减了 4/5，但滤波器会让低频信号产生一定的相位滞后。

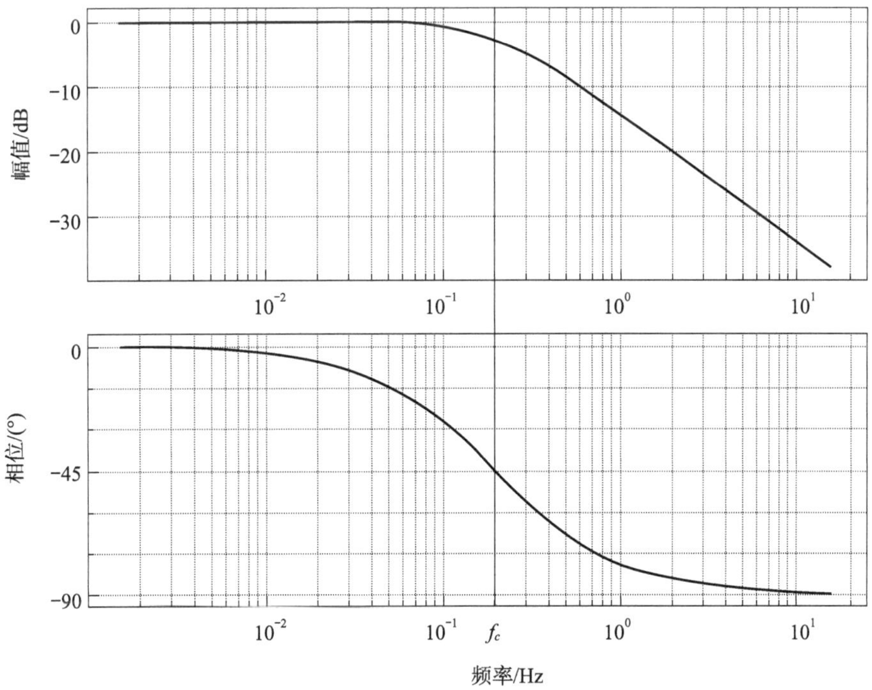

图 5－30　RC 滤波器 Bode 图

记第 n 个测量周期中滤波器的输入和输出分别为 $z(n)$ 和 $y(n)$，采用一阶向后差分法 z 变换得到滤波器的离散形式为

$$y(n)=\beta z(n)+(1-\beta)y(n-1) \tag{5-43}$$

记 T_{spl} 为测量系统的采样周期，则滤波系数为

$$\beta=\frac{2\pi f_c T_{spl}}{1+2\pi f_c T_{spl}}\approx 2\pi f_c T_{spl} \tag{5-44}$$

令作动器 1 运动，光轴落点沿 X 轴匀速运动，在这个过程中对盘绕伸展臂施加位移扰动，PSD 信号由于伸展臂阻尼振动发生高频变化，如图 5-31 所示。设定 PSD 信号采样周期为 $T_{spl}=0.2$ s，阻尼振动周期估计为 0.8 s。取滤波器截止频率 $f_c=0.2$ Hz，RC 滤波后的 PSD 信号如图 5-32 所示，经滤波后信号变得较为平滑，直流分量（Y 方向静止）保留得较好，低频分量（X 方向运动）衰减较小，但是有一定的时间滞后。

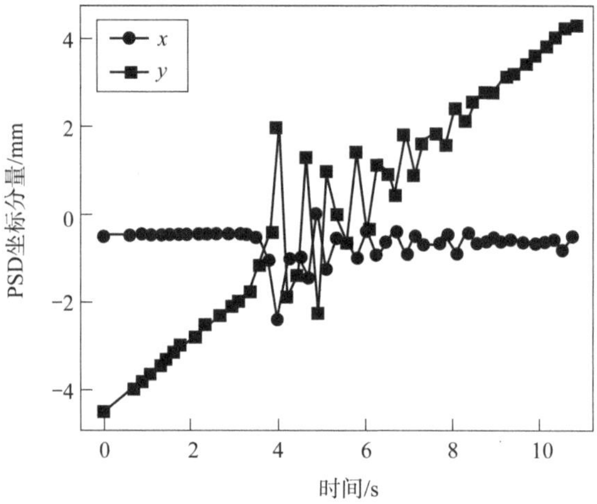

图 5-31　伸展臂振动时 PSD 信号

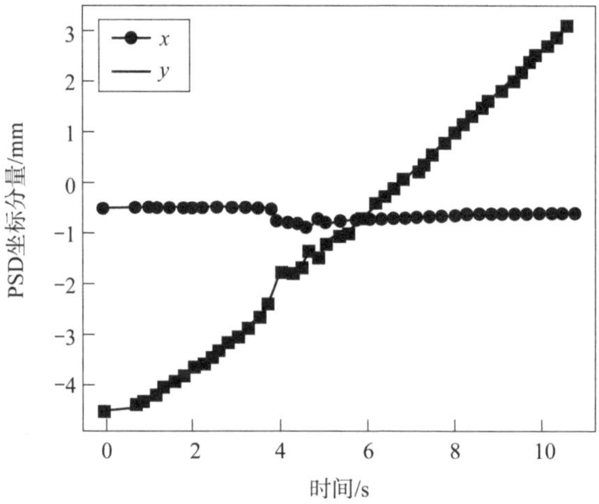

图 5-32　经过 RC 滤波器的 PSD 信号

(b) 卡尔曼滤波器

现实的系统中总是存在噪声和干扰的影响，如压电螺钉受温度、压力等因素的影响，无法输出精确的步进增量；PSD 等传感器受到噪声影响，其测量值与实际值总是存在误差。据此，设计卡尔曼滤波器对状态变量进行最优估计，以减少系统状态估计不确定性的影响。

卡尔曼滤波器是一种线性最小方差估计，使用状态空间法在时域内设计滤波器，适用于多维随机过程，被估计量的统计信息由激励白噪声的统计信息和动力学方程确定。卡尔曼滤波使用递推算法，其离散型算法可直接在数字计算机上实现。

设系统的状态方程为

$$\begin{cases} \boldsymbol{e}_{k+1} = \boldsymbol{A}_k \boldsymbol{e}_k + \boldsymbol{B}_k \boldsymbol{u}_k + \boldsymbol{w}_k \\ \boldsymbol{z}_k = \boldsymbol{H} \boldsymbol{e}_k + \boldsymbol{v}_k \end{cases} \tag{5-45}$$

式中　$\boldsymbol{w}_k$ ——状态变量的过程噪声；

$\boldsymbol{v}_k$ ——测量系统观测的误差。

设 $\boldsymbol{w}_k$ 和 $\boldsymbol{v}_k$ 均服从正态分布，其统计特性为

$$\begin{aligned} \boldsymbol{w}_k &\sim N(0,\boldsymbol{Q}) \\ \boldsymbol{v}_k &\sim N(0,\boldsymbol{R}) \end{aligned} \tag{5-46}$$

式中　$\boldsymbol{Q}$ 和 $\boldsymbol{R}$ —— $\boldsymbol{w}_k$ 和 $\boldsymbol{v}_k$ 的协方差矩阵，即

$$\begin{aligned} \boldsymbol{Q} &= E(\boldsymbol{w}_k \boldsymbol{w}_k^{\mathrm{T}}) \\ \boldsymbol{R} &= E(\boldsymbol{v}_k \boldsymbol{v}_k^{\mathrm{T}}) \end{aligned} \tag{5-47}$$

在静止状态下，对测量系统（PSD）的输出结果进行 n 次取样，第 i 次采样结果为 $[z_{1i} \quad z_{2i}]^{\mathrm{T}}$，则测量系统的协方差矩阵可以通过试验样本估计，即

$$\boldsymbol{R} = E(\boldsymbol{v}_k \boldsymbol{v}_k^{\mathrm{T}}) = \begin{bmatrix} \mathrm{cov}(z_1, z_1) & \mathrm{cov}(z_1, z_2) \\ \mathrm{cov}(z_2, z_1) & \mathrm{cov}(z_2, z_2) \end{bmatrix} \tag{5-48}$$

其中，$\mathrm{cov}(z_m,\ z_n) = \dfrac{1}{n-1} \sum_{i=1}^{n} (z_{mi} - \bar{z}_m)(z_{ni} - \bar{z}_n)$ 。

据此，卡尔曼滤波器的全流程为

步骤 1：计算当前时刻的先验状态估计

$$\hat{\boldsymbol{e}}'_k = \boldsymbol{A}\hat{\boldsymbol{e}}_{k-1} + \boldsymbol{B}\boldsymbol{u}_{k-1} \tag{5-49}$$

步骤 2：计算先验状态误差协方差

$$\boldsymbol{P}'_k = \boldsymbol{A}\boldsymbol{P}_{k-1}\boldsymbol{A}^{\mathrm{T}} + \boldsymbol{Q} \tag{5-50}$$

步骤 3：计算当前时刻卡尔曼增益

$$\boldsymbol{K}_k = \boldsymbol{P}'_k \boldsymbol{H}^{\mathrm{T}} (\boldsymbol{H}\boldsymbol{P}'_k \boldsymbol{H}^{\mathrm{T}} + \boldsymbol{R})^{-1} \tag{5-51}$$

步骤 4：计算当前时刻最优状态估计

$$\hat{e}_k = \boldsymbol{A}\hat{e}'_k + \boldsymbol{B}\boldsymbol{u}_{k-1} + \boldsymbol{K}_k(\boldsymbol{z}_k - \boldsymbol{H}\hat{\boldsymbol{e}}'_k) \tag{5-52}$$

步骤 5：计算后验状态误差协方差

$$\boldsymbol{P}_k = (\boldsymbol{I} - \boldsymbol{K}_k\boldsymbol{H})\boldsymbol{P}'_k \tag{5-53}$$

卡尔曼滤波器在状态估计中融合了开环运动的预测信息，不仅可以提高位置估计的精度，还可以减少系统动态变化带来的不确定性，降低对测量系统进行低通滤波后的时滞效应。

综合以上控制算法，设计出如图 5－33 所示的动态对准误差控制器。其中，RC 滤波器负责过滤出 PSD 信号中的低频和直流分量，同时抑制 PSD 信号中由振动引起的高频分量对控制系统的干扰，以提高控制系统的稳定性。卡尔曼滤波器负责利用控制系统状态方程的先验估计提高对准误差的估计精度，并在激光－PSD 系统脱靶或失效后的短时间内仍能提供可信的对准误差信息，提高了控制系统在太空中的鲁棒性。最后，比例控制律可实现消除静态误差与跟踪长周期动态误差的功能。

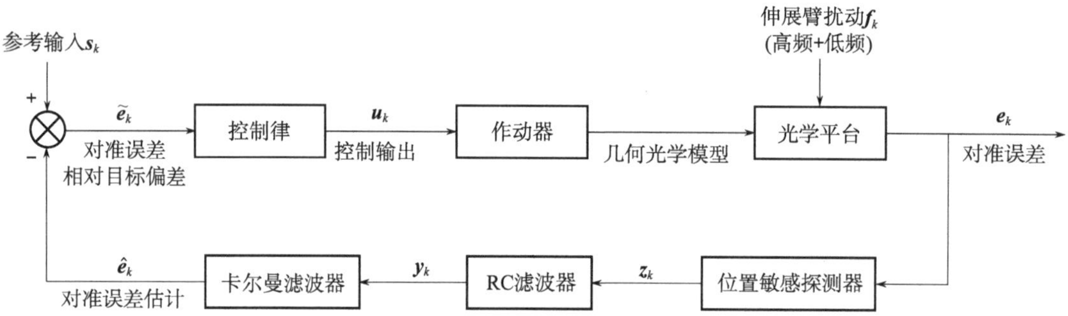

图 5－33　动态对准误差控制器

5.3.2　基于视觉测量的非向量空间指向控制方法

机械系统的运动可以建模为矢量空间中的微分方程。视觉伺服控制将相机捕获的图像作为一个集合，运动则会导致集合的变化。通常不能使用线性结构来描述图像集的演化动力学，因为在这种情况下，图像的状态不能由一个向量表示，而是由向量的集合表示，并且任何两个状态之间的区别不能简单地描述为两个向量的差异。突变分析的数学工具可以用来在没有矢量结构的情况下建模图像集的动态学。

(1) Hausdorff 距离

Hausdorff 距离以数学家 Felix Hausdorff 命名，其定义是：一个集合到另一个集合最近点的最大距离。或者说，从集合 X 到集合 Y 的 Hausdorff 距离是一个最大值函数，表示为

$$D_Y(X)=\sup_{x\in X}(\inf_{y\in Y}(\|y-x\|)) \tag{5-54}$$

式中　$\|*\|$ ——欧几里得范数。

因大多数时候 $D_Y(X)$ 不等于 $D_X(Y)$，Hausdorff 距离的一个更一般的定义为

$$D(X,Y)=\max\{D_Y(X),D_X(Y)\} \tag{5-55}$$

该式定义了集合 X 和集合 Y 之间的 Hausdorff 距离，而式 (5－54) 应用于从 X 到 Y 的 Hausdorff 距离。通过视觉系统或直接给定一个灰度图，图像的全部像素可以形成一个集合。该集合每个元素对应图像中的一个像素，且均为一个三维向量，每个三维向量包括

两个像素索引值和一个强度值。

Hausdorff 距离满足下面三个条件：

1）正定性，对任意集合 X 和集合 Y，都有 $D(X, Y) \geqslant 0$，当且仅当 $X = Y$ 时，$D(X, Y) = 0$。

2）对称性，$D(X, Y) = D(Y, X)$。

3）三角不等式，对于集合 X、Y、Z，有 $D(X, Z) + D(Z, Y) \geqslant D(X, Y)$。

可以由度量 D 表征一个集合空间 $P(\mathbb{R}^n)$，记为 $P((\mathbb{R}^n), D)$，此度量空间不具有向量空间的线性结构，传统的动力学模型不能适用，称为非向量空间。

（2）集合演变

记度量空间 $(P(\mathbb{R}^n), D)$ 中的一个集合 $K(t) \in P(\mathbb{R}^n)$，$K(t)$ 随着时间而变化。由于 $K(t)$ 在时间轴上变化的直观特征，可称这种演变为“管”（Tube），其定义为：$K(t)$：$\mathbb{R}_{\geqslant 0} \mapsto P(\mathbb{R}^n)$，其中，$\mathbb{R}_{\geqslant 0}$ 为非负实数集合。

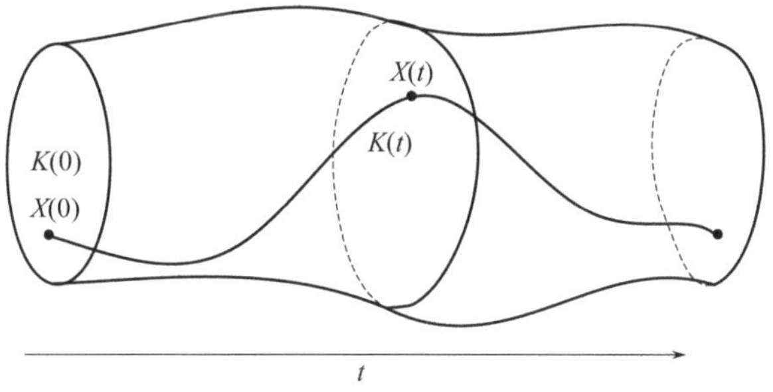

图 5-34　管中集合的演变图

下面探究管在集合空间的演化方程，即管的时间导数。首先，需要定义管的演变（Transition）。设 φ ：$E \mapsto \mathbb{R}^n$，$E \subset \mathbb{R}^n$ 是一个有限 Lipschitz 函数，所有满足此性质的函数定义为集合 $\mathrm{BL}(E, \mathbb{R}^n)$。对于常微分方程：$\dot{x}(t) = \varphi(x(t))$，$x(0) = x_0$，$\varphi \in \mathrm{BL}(E, \mathbb{R}^n)$ 在时间 t 处的演变定义为

$$T_\varphi(t, x) = \{x(t) : \dot{x}(t) = \varphi(x(t)), x(0) = x_0\} \tag{5-56}$$

t 时刻的演变也是给定常微分方程的解。这种定义可以扩展到初始条件是一个集合的情况。对于一个函数 φ：$E \mapsto \mathbb{R}^n$，从一个初始集合 K_0 开始，在时间 t 处的演变为

$$T_\varphi(t, K_0) = \{x(t) : \dot{x}(t) = \varphi(x(t)), x(0) \in K_0\} \tag{5-57}$$

由于初始条件是在一个集合中，$T_\varphi(t, K_0)$ 也是一个集合。事实上，$T_\varphi(t, K_0)$ 可以视为根据函数 $\dot{x}(t) = \varphi(x(t))$ 从初始集合 K_0 开始经过时间 t 的一个可达集（Reachable Set）。

（3）突变方程

在向量空间中，函数 $f(t)$：$\mathbb{R}_{\geqslant 0} \mapsto \mathbb{R}^n$ 的时间导数定义为 $v = \lim\limits_{\Delta t \to 0}[f(t + \Delta t) - f(t)]/\Delta t$，这一定义可以转化为一阶近似方程

$$\lim_{\Delta t\to 0}\frac{1}{\Delta t}\|f(t+\Delta t)-(f(t)+v\Delta t)\|=0 \tag{5-58}$$

其中，$f(t)+v\Delta t$ 是空间 $\mathbb{R}^n$ 中的一个新点，表示沿着方向 $\boldsymbol{v}$ 在时间 t 后得到的一点。

在度量空间 $(P(E), D)$ 中，集合 $K(t)$ 的演变 $T_\varphi(\Delta t, K(t))$ 是 $P(E)$ 中的一个新集合，表示从 $K(t)$ 开始，沿着“方向”$\varphi \in \mathrm{BL}(E, \mathbb{R}^n)$ 经过时间 Δt 后得到的集合。类似于式（5－58)，$T_\varphi(\Delta t, K(t))$ 也可以写作一阶近似的形式

$$\lim_{\Delta t\to 0^+}\frac{1}{\Delta t}D(K(t+\Delta t),T_\varphi(\Delta t,K(t)))=0 \tag{5-59}$$

其中，$K(t+\Delta t)$ 是由 $K(t)$：$\mathbb{R}_{\geqslant 0}\mapsto P(\mathbb{R}^n)$ 在时间 $t+\Delta t$ 处的集合。

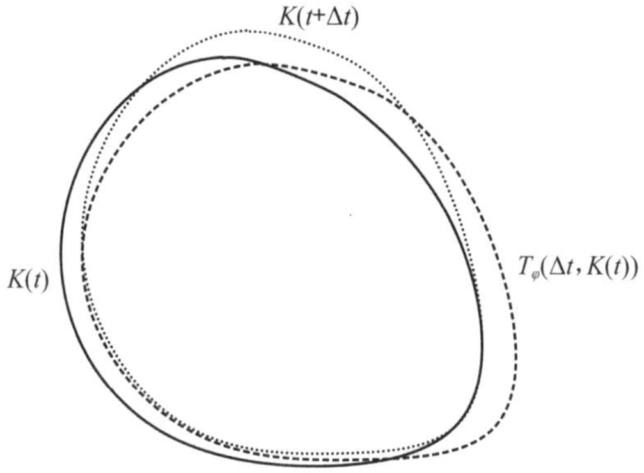

图 5－35　$K(t+\Delta t)$ 与 $T_\varphi(\Delta t, K(t))$ 示意图

基于从向量空间到非向量空间的类比，可以定义管的导数，即突变：一个管 $K(t)$ 的突变，是所有满足式（5－59）的函数 $\varphi \in \mathrm{BL}(E, \mathbb{R}^n)$ 的集合，记为 $\mathring{K}(t)$，即

$$\mathring{K}(t)=\{\varphi(x)\in \mathrm{BL}(E,\mathbb{R}^n)\} \tag{5-60}$$

基于管的突变，可以在非向量空间建立突变方程：对于一个从管映射到有界 Lipschitz 函数的函数 f：$P(E)\mapsto \mathrm{BL}(E, \mathbb{R}^n)$，该管的突变方程定义为

$$f(K(t))\in \mathring{K}(t)\ ,K(0)=K_0 \tag{5-61}$$

当集合 $K(t)$ 的元素都满足 $\dot{x}(t)=\varphi(x(t))$ 时，演变 $T_\varphi(\Delta t, K(t))$ 可以看作从 K_0 开始的一个管 $K(t+\Delta t)$，即 $K(t+\Delta t)=T_\varphi(\Delta t, K(t))$。这种情况下，突变方程可以表示为 $\varphi(x(t))\in \mathring{K}(t)$。

与向量空间的经典控制理论类似，突变方程可以添加控制输入 u 以建立非向量空间中的控制方程。假设一个映射 f：$P(E)\times U\mapsto \mathrm{BL}(E, \mathbb{R}^n)$，其中，$U$ 是所有可能的控制 u 的集合，则受控突变方程可以表示为

$$\begin{cases}f(K(t),u(t))\in \mathring{K}(t)\\ u(t)=\gamma(K(t))\end{cases} \tag{5-62}$$

其中，γ：$P(E)\mapsto U$ 是从当前集合 $K(t)$ 到控制输入 u 的反馈映射。

(4) 动力学方程

本设计将受控突变方程应用于非向量空间中带有图像反馈的伸展臂运动控制问题。由前文所述，图像由伸展臂运动引起的变化相对时间形成一个管，图像的全部像素点可以视为一个集合，每个像素点用一个三维向量 $\boldsymbol{x}=[x_1 \quad x_2 \quad x_3]^{\mathrm{T}}$ 表示，具有两个像素索引 x_1，x_2 和一个强度值 x_3。假设外界光线条件不变，则图像的强度值不变，即 $\dot{x}_3=0$，像素索引值的变化可以由图像雅可比矩阵与伸展臂运动联系。令 $\varphi(x)=\boldsymbol{L}(x)\boldsymbol{u}(t)$，可由管 $K(t)=T_{\varphi}(t, K(0))$ 描述从初始图像集 K_0 开始的图像集的演化。

$$\varphi(x) \in \overset{\circ}{K}(t) \tag{5-63}$$

此式即为图像集合在非向量空间内受反馈 u 控制下的受控突变方程，也是视觉伺服控制系统的动力学方程。

(5) 非向量空间内的李雅普诺夫稳定性分析

由于非向量空间的特殊性，需要定义非向量空间中的稳定性问题。与向量空间中平衡点类似，非向量空间中的突变方程存在平衡集合 $\hat{K}$ 。由李雅普诺夫稳定性定义，对平衡集合 $\hat{K}$ 的稳定性描述如下：

1) 对于任意 $\varepsilon>0$，都存在 $\delta=\delta(\varepsilon)>0$，使得当 $D(K_0, \hat{K})<\varepsilon$ 时，都有 $D(K(t), \hat{K})<\delta$，则称 $\hat{K}$ 是稳定的。

2) 如果不满足描述 1)，则称 $\hat{K}$ 是不稳定的。

3) 满足描述 1)，且存在 $\varepsilon>0$，使得当 $D(K_0, \hat{K})<\varepsilon$ 时，有 $\lim\limits_{t\to\infty}D(K(t), \hat{K})=0$，则称$\hat{K}$ 是渐近稳定的。对于一种更特殊的情况：对于任意 $\varepsilon>0$，使得当 $D(K_0, \hat{K})<\varepsilon$ 时，都有 $\lim\limits_{t\to\infty}D(K(t), \hat{K})=0$，则称 $\hat{K}$ 是大范围渐近稳定的。

4) 满足描述 1)，且存在常数 k、λ，使得 $D(K(t), \hat{K})\leqslant kD(K_0, \hat{K})\mathrm{e}^{\lambda t}$，则称 $\hat{K}$ 是指数稳定的。

由此可以引出非向量空间中的稳定性问题：在空间 $(P(\mathbb{R}^n), D)$ 中的系统满足突变方程 $f(K(t), u(t))\in\overset{\circ}{K}(t)$，初始集合为 K_0。给定 K_0 附近的目标集合 $\hat{K}$，设计一个基于当前集合 $K(t)$ 的控制器 $u(K(t))$，使得系统在目标集合 $\hat{K}$ 附近是渐进稳定或指数稳定的。

由于非向量空间中的状态变量是集合而不是向量，所以李雅普诺夫函数是关于集合的函数，这在形状优化中被称为形状泛函（Shape Functionals）。为解决非向量空间中形状泛函的微分问题，引入以下定义：考虑一个映射 $J: P(\mathbb{R}^n)\mapsto\mathbb{R}$，对于非向量空间中的 K 与函数 $\varphi\in \mathrm{BL}(E, \mathbb{R}^n)$，如果式（5-64）存在且有限，那么 J 在 K 处沿“方向” φ 有半导数（Semi-Derivative），也叫作形状导数（Shape Derivative），记为 $\overset{\circ}{J}(K)_{\varphi}$ 。

$$\lim_{h\to 0^+}\frac{J(T_{\varphi}(h, K))-J(K)}{h} \tag{5-64}$$

以下是两个形状导数的例子：

1）对于形状泛函

$$J(K)=\int_K \varphi(x)\mathrm{d}x \tag{5-65}$$

映射 J 对于任何 φ 在 K 上是一阶可微的，其形状导数为

$$J(K)_\varphi=\int_K h(x)\mathrm{div}(\varphi(x))\mathrm{d}x+\int_K \nabla h(x).\varphi(x)\mathrm{d}x \tag{5-66}$$

其中，$\mathrm{div}(\varphi(x))=\sum_{i=1}^{n}\frac{\partial\varphi_i(x)}{\partial x_i}$。

2）对于形状泛函

$$J(K)=\int_E d_K^2(x)\mathrm{d}x \tag{5-67}$$

其形状导数为

$$\mathring{J}(K)(\varphi)=-\int_E 2\langle x-\Pi_K(x),\varphi(\Pi_K(x))\rangle\mathrm{d}x \tag{5-68}$$

其中，$\Pi_K(x)$ 是 K 中 x 的投影的集合，表示 K 中距 x 的所有最近点；$\langle\cdot\rangle$ 表示向量内积。

类似向量空间李雅普诺夫函数的性质，非向量空间中的李雅普诺夫函数可以定义为一个有界标量函数：对于具有平衡集合 $\hat{K}$ 和初始集合 $K(0)=K_0$ 的系统 $f(K(t))\in\mathring{K}(t)$，设形状函数 V：$P(E)\mapsto\mathbb{R}_{\geqslant 0}$，连续函数 φ：$\mathbb{R}\mapsto\mathbb{R}$，如果满足以下两个条件，则 V 是系统的 φ-李雅普诺夫函数：

1）$V(\hat{K})=0$，当 $K(t)\neq\hat{K}$ 时，$V(K(t))>0$；

2）对任意 $t\geqslant 0$，都有 $V(K(t))\leqslant h(t)$，且 $V(K_0)=h(0)$，其中，h 是微分方程 $\dot{h}=\varphi(h)$ 的解。

系统稳定性可由 $\dot{h}=\phi(h)$ 来判断。可证明，$h(t)$ 的稳定状态与系统的稳定状态是一致的。例如，选取 $\phi(h)=-\alpha h$，$\alpha>0$，则系统 $\dot{h}=\phi(h)$ 是指数稳定的，那么 $f(K(t))\in\mathring{K}(t)$ 也是指数稳定的。综上所述，利用条件 $V(K(t))\leqslant h(t)$，使用形状导数来描述李雅普诺夫函数，表示为

$$\mathring{V}(K)_{f(K)}+\alpha V(K)\leqslant 0 \tag{5-69}$$

（6）控制器设计

首先，找到一个李雅普诺夫候选函数，可以是两个集合之间的 Hausdorff 距离。随后，可得到李雅普诺夫函数的形状方向导数。最后，设计一个满足不等式（5-69）的控制器。根据函数 $\dot{h}=\phi(h)$，可以保证其稳定性、渐近稳定性或指数稳定性。对于式（5-63）表示的基于反馈图像的控制系统，Doyen 提供了一个李雅普诺夫函数

$$V(K)=\frac{1}{2}\int_K d_{\hat{K}}^2(\boldsymbol{x})\mathrm{d}\boldsymbol{x}+\frac{1}{2}\int_{\hat{K}} d_K^2(\hat{\boldsymbol{x}})\mathrm{d}\hat{\boldsymbol{x}} \tag{5-70}$$

其中，$d_K(\boldsymbol{x})$ 表示点 x 到集合 K 的距离，$\Pi_K(\boldsymbol{x})$ 表示 K 中与 $\boldsymbol{x}$ 最近的点与 $\boldsymbol{x}$ 的距离。$d_K(\boldsymbol{x})$ 与 $\Pi_K(\boldsymbol{x})$ 满足关系

$$\|\boldsymbol{x}-\Pi_K(\boldsymbol{x})\|=d_K(\boldsymbol{x}) \tag{5-71}$$

$V(K)$ 满足非向量空间李雅普诺夫函数候选条件。为了求出 $V(K)$ 的形状导数，需要将 $V(K)$ 拆开，即 $V(K)=1/2V_1(K)+1/2V_2(K)$，分别对应映射 $\boldsymbol{x}\mapsto d_K(\boldsymbol{x})$ 和 $K\mapsto d_K(\boldsymbol{x})$

$$V_1(K)=\int_K d_{\hat{K}}^2(\boldsymbol{x})\mathrm{d}\boldsymbol{x}\,,\ V_2(K)=\int_{\hat{K}} d_K^2(\hat{\boldsymbol{x}})\mathrm{d}\hat{\boldsymbol{x}} \tag{5-72}$$

对于 $V_1(K)$，其满足

$$\begin{aligned} Dd_K^2(x)_v&=\lim_{h\to 0^+}\frac{d_K^2(\boldsymbol{x}+h\boldsymbol{v})-d_K^2(\boldsymbol{x})}{h}\\ &=\inf_{\boldsymbol{z}\in\Pi_K(\boldsymbol{x})}2\langle\boldsymbol{x}-\boldsymbol{z},\boldsymbol{v}\rangle \end{aligned} \tag{5-73}$$

因 $\Pi_K(\boldsymbol{x})$ 是一个零测集，所以 $d_K^2(\boldsymbol{x})$ 的梯度可以写成

$$\nabla d_K^2(\boldsymbol{x})=2(\boldsymbol{x}-\Pi_K(\boldsymbol{x}))\,,a.e \tag{5-74}$$

由式（5－66），$V_1(K)$ 的形状导数为

$$\begin{aligned} \mathring{V}_1(K)_\varphi=&\int_K\langle\boldsymbol{x}-\Pi_{\hat{K}}(\boldsymbol{x})\,,2\varphi(\boldsymbol{x})\rangle\mathrm{d}\boldsymbol{x}+\\ &\int_K\langle\boldsymbol{x}-\Pi_{\hat{K}}(\boldsymbol{x})\,,(\boldsymbol{x}-\Pi_{\hat{K}}(\boldsymbol{x}))\mathrm{div}(\varphi(\boldsymbol{x}))\rangle\mathrm{d}\boldsymbol{x} \end{aligned} \tag{5-75}$$

对于 $V_2(K)$，其满足

$$\mathring{d}_K^2(\boldsymbol{x})_\varphi=\inf_{\boldsymbol{z}\in\Pi_K(\boldsymbol{x})}2\langle\boldsymbol{x}-\boldsymbol{z},-\varphi(\boldsymbol{z})\rangle \tag{5-76}$$

同样，$\Pi_K(\boldsymbol{x})$ 是一个零测集，则

$$\mathring{V}_2(K)(\varphi)=\int_{\hat{K}}\langle\hat{\boldsymbol{x}}-\Pi_K(\hat{\boldsymbol{x}}),-2\varphi(\Pi_K(\hat{\boldsymbol{x}}))\rangle\mathrm{d}\hat{\boldsymbol{x}} \tag{5-77}$$

可以得到 $V(K)$ 的形状导数

$$\begin{aligned} \mathring{V}(K)_\varphi=&\frac{1}{2}\int_K\langle\boldsymbol{x}-\Pi_{\hat{K}}(\boldsymbol{x})\,,2\varphi(\boldsymbol{x})+(x-\Pi_{\hat{K}}(\boldsymbol{x}))\mathrm{div}(\varphi(\boldsymbol{x})\rangle\mathrm{d}\boldsymbol{x}+\\ &\frac{1}{2}\int_{\hat{K}}\langle\hat{\boldsymbol{x}}-\Pi_K(\hat{\boldsymbol{x}}),-2\varphi(\Pi_K(\hat{\boldsymbol{x}}))\rangle\mathrm{d}\hat{\boldsymbol{x}} \end{aligned} \tag{5-78}$$

代入式（5－69），当 $\varphi(x)=\boldsymbol{L}(\boldsymbol{x})u$ 时，可得

$$\begin{aligned} &\frac{1}{2}\int_K\langle\boldsymbol{x}-\Pi_{\hat{K}}(\boldsymbol{x})\,,\boldsymbol{D}(\boldsymbol{x})\boldsymbol{u}\rangle\mathrm{d}\boldsymbol{x}+\frac{1}{2}\int_{\hat{K}}\langle\hat{\boldsymbol{x}}-\Pi_K(\hat{\boldsymbol{x}}),-2\boldsymbol{L}(\Pi_K(\hat{\boldsymbol{x}}))\boldsymbol{u}\rangle\mathrm{d}\hat{\boldsymbol{x}}\\ \leqslant&-\alpha\left(\frac{1}{2}\int_K d_{\hat{K}}^2(\boldsymbol{x})\mathrm{d}\boldsymbol{x}+\frac{1}{2}\int_{\hat{K}}d_K^2(\hat{\boldsymbol{x}})\right)\mathrm{d}\hat{\boldsymbol{x}} \end{aligned} \tag{5-79}$$

其中，$\boldsymbol{D}(\boldsymbol{x})=2\boldsymbol{L}(\boldsymbol{x})+(\boldsymbol{x}-\Pi_{\hat{K}}(\boldsymbol{x}))\mathrm{div}(\boldsymbol{L}(\boldsymbol{x}))$，将 u 从不等式左边分离，则可以写成

$$\left\langle \frac{1}{2}\int_{K} \boldsymbol{D}^{\mathrm{T}}(\boldsymbol{x})(\boldsymbol{x}-\Pi_{\hat{K}}(\boldsymbol{x}))\mathrm{d}\boldsymbol{x}-\int_{\hat{K}} L^{\mathrm{T}}(\Pi_{K}(\hat{\boldsymbol{x}}))(\hat{\boldsymbol{x}}-\Pi_{K}(\hat{\boldsymbol{x}}))\mathrm{d}\hat{\boldsymbol{x}},u \right\rangle \leqslant -\alpha V(K) \tag{5-80}$$

得到满足不等式（5－80）的控制输入的解为

$$\begin{cases} \boldsymbol{u}(K)=-\alpha \boldsymbol{A}^{+}(K)V(K) \\ \boldsymbol{A}(K)=\dfrac{1}{2}\displaystyle\int_{K}\boldsymbol{D}^{\mathrm{T}}(\boldsymbol{x})(\boldsymbol{x}-\Pi_{\hat{K}}(\boldsymbol{x}))\mathrm{d}\boldsymbol{x}-\int_{\hat{K}}\boldsymbol{L}^{\mathrm{T}}(\Pi_{K}(\hat{\boldsymbol{x}}))(\hat{\boldsymbol{x}}-\Pi_{K}(\hat{\boldsymbol{x}}))\mathrm{d}\hat{\boldsymbol{x}} \end{cases} \tag{5-81}$$

其中，$\boldsymbol{A}^{+}(K)$ 表示 $\boldsymbol{A}(K)$ 的伪逆，定义为

$$\boldsymbol{A}^{+}(K)=\frac{\boldsymbol{A}^{\mathrm{T}}(K)}{\langle \boldsymbol{A}(K),\boldsymbol{A}(K)\rangle} \tag{5-82}$$

以图像控制为例，假设目标图像为平衡集合 $\hat{\boldsymbol{K}}$，从相机获得的该时刻的图像集合 $K(t)$，那么在控制器 $\boldsymbol{u}(k)$ 的控制下，当前图像集合 $K(t)$ 会朝着目标图像集合 $\hat{K}$ 演变，最后与目标图像集合重合，在物理上表现为控制对象运动到目标位置。

第6章　空间被动式盘绕展开机构在轨验证与应用

6.1　亚太空间合作组织大学生小卫星-1

亚太空间合作组织大学生小卫星项目（APSCO－SSS Project）是亚太空间合作组织（APSCO）发起的第一个重大国际合作项目，由北京航空航天大学作为牵头单位，于2015年经APSCO理事会正式批准，并于2016年举行项目启动仪式。北京航空航天大学被任命为该项目的牵头单位（Leading University）。项目旨在提升APSCO成员国大学在小卫星技术方面的研发和应用能力，培养航天技术和应用人才，促进APSCO成员国在空间技术和应用领域的交流与合作。该项目被收录于《2016中国的航天》白皮书。

项目内容包括由APSCO成员国大学联合研制三颗小卫星（包括1颗微小卫星APSCO SSS－1、2颗纳星APSCO SSS－2A/2B），三星编队飞行，共同完成在轨技术验证、星间通信、空间科学探测及空间遥感应用任务，三星在轨运行示意图如图6－1所示。其中，APSCO SSS－1由北京航空航天大学负责，是该项目的主星。该卫星体积为350 mm×350 mm×700 mm，重36 kg，运行于高度517 km的太阳同步轨道。在本次发射任务中，盘绕伸展臂机构在轨展开技术、ADS－B空管接收机在轨技术得到了验证，同时还进行了遥感成像试验。该卫星的成功研制填补了中国大学在国际合作研发小卫星领域的空白。

APSCO SSS－1的核心载荷——盘绕伸展臂和离轨装置电推进器完全由北京航空航天大学学生团队自主设计研发。其中，盘绕伸展臂具有大柔性、高展开收拢比的特点，是国内首个在轨验证的被动式盘绕展开机构。

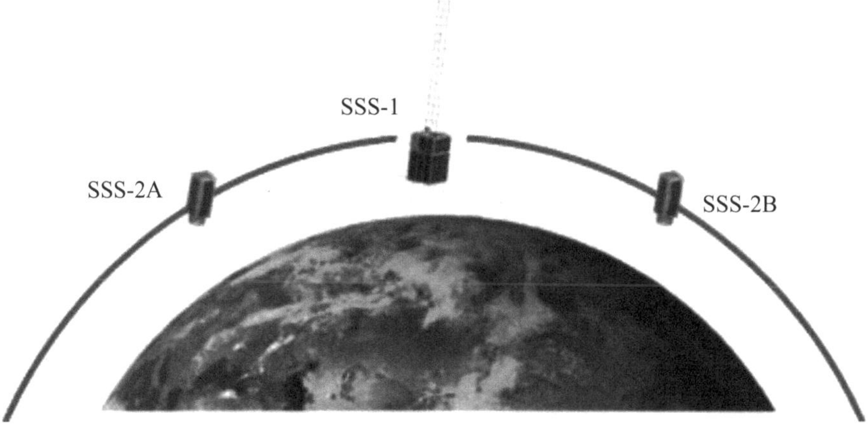

图6－1　SSS三星编队在轨运行示意图

6.1.1 盘绕展开机构设计

(1) 组成及材料选型

SSS－1卫星上的盘绕伸展臂由结构部件和展开运动部件组成，如图6－2所示。结构部件主要包括底部的安装座以及顶部的顶板组件，提供了展开运动部件的机械安装接口，同时也预留了展开空间。展开运动部件是实现展开功能的组件，包括纵杆、横杆、铰链和对角加劲索等。纵杆为连续细长弹性杆，共有3根，收拢状态下沿周向盘绕储存应变能，类似于弹簧。在展开状态下，纵杆伸直成为纵向骨架，其长度直接决定了盘绕伸展臂整体的展开长度。伸展臂每一层为三角形横架，由3根横杆和角点处的3个铰链构成，横架构型稳固，在收拢状态下能够限制纵杆的盘绕半径，展开后又为伸展臂整体提供横向支撑。对角加劲索为相邻横架间斜拉的钢索，只能承受拉力，在收拢状态下呈松弛状态，展开时能够对相邻横架矩形空间的对角线位移进行限制，提高伸展臂抗剪切和抗扭转刚度。

结构件及铰链等运动部件，在展开时保持固定或仅做刚体运动，采用航天器常用的2A12铝合金加工成型。对角加劲索张紧后可以限制节间铰链的相对位移，需要采用拉伸刚度较大的材料，选择公称直径为0.8 mm的钢丝绳。

纵杆与横杆均选用钛镍合金作为材料，该合金具有超弹性特性，弹性极限远大于普通材料，符合盘绕伸展臂展开的需求。综合考虑伸展臂重量以及弹性需求，纵杆与横杆直径分别设计采用2 mm和1.3 mm。

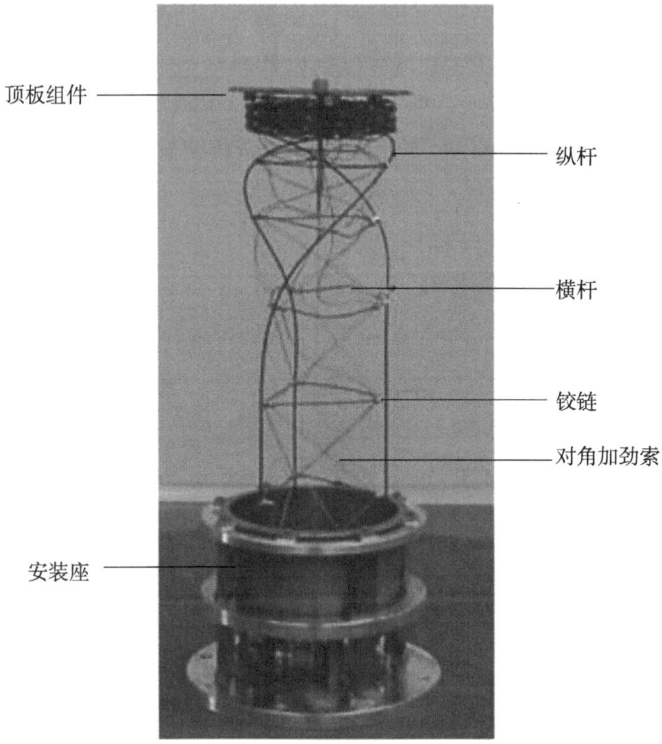

图6－2　盘绕伸展臂组成

（2）构型参数

（a）盘绕半径 R

盘绕半径 R 是指展开状态下 3 根连续纵杆轴线外接圆的半径，同时也决定了盘绕伸展臂收拢状态下的包络。依据 SSS－1 卫星总体设计方案，盘绕伸展臂收拢存储空间的包络不应超过 ϕ171 mm×90 mm。考虑到铰链尺寸以及安全距离，设计盘绕半径 R =75 mm。

（b）节距 T

节距 T 是指相邻 2 层横架间的距离，体现了横架布置的密度，对盘绕伸展臂的展开模式有较大的影响，需要满足盘绕收拢时的几何协调关系[2]。

$$1.00R < T < 2.09R \tag{6-1}$$

从实际角度考虑，节距太小意味着每节纵杆长度较短，盘绕收拢时会产生较大的应力，增加收拢难度的同时，也会降低其对力学振动环境的承受能力。若节距太大，则会造成盘绕伸展臂展开刚度较小，承载能力减弱。结合式（6－1）及工程经验，以 T =1.25R 作为参考，即 T =1.25×75 mm=93.75 mm。进一步考虑加工及装配的方便，最终设计采用 T =95 mm。

（c）纵杆长度 L

纵杆长度 L 决定了盘绕伸展臂展开后的长度，根据 SSS－1 卫星的总体设计要求，确定 L =2 m。此外，纵杆除了与三角形横架固定连接的区域外，还应预留出一定空间，具体设计时，横架层数设计为 20 层，顶层横架与底层横架间的距离 L' =19×95 mm=1 805 mm，短于纵杆长度。

（3）部组件设计

盘绕伸展臂部组件设计工作主要针对安装座、顶板等结构件以及铰链等具有一定几何构型且在展开过程中保持刚体运动的部件。相对而言，纵杆和横杆由直接拉伸成型的圆形截面细杆剪裁而来，对角加劲索也有着成熟的生产工艺，因此不需要进行单独设计。

（a）安装座

安装座为盘绕伸展臂的整体基座，由收纳筒、中板、底板、支架及纵杆根部固定基座组成，如图 6－3 所示。收纳筒为薄壁圆柱结构，上端开放，下端由中板封底，内部空间用于容纳收拢状态下的纵杆、横杆等展开运动部件。底板与中板之间均匀分布有 3 个长度为 64 mm 的支架，留出 6 个纵杆根部固定基座的安装空间。纵杆固定基座分为上基座与下基座，两两对应，共有 3 组。上下基座中心均留有 ϕ2.2 mm 通孔，3 根纵杆贯穿其中并由侧向螺钉固定。此外，上基座留出 50 mm×20 mm 的空间用于贴装电加热片，以保证盘绕伸展臂展开时对温度的需求。安装座整体通过收纳筒顶端的 8 个螺钉固定于卫星顶部舱板上，同时，安装座底板也与卫星内部横向舱板进行连接，进一步提高安装座整体的力学稳定性。

（b）顶板组件

SSS－1 卫星搭载的盘绕伸展臂以展开功能验证为主要任务，因此顶部组件实现与纵杆顶端的固定即可，如图 6－4 所示。顶板为加筋形式的圆形薄板，沿周向均匀分布有 3

个弧形滑槽，顶板连接件 1 插入滑槽并调整至合适位置后，通过螺母与顶板实现固定。顶板连接件 2 纵向留有 ϕ2.2 mm 盲孔，纵杆顶端插入其中并由侧向螺钉固定。螺栓在顶板连接件 1 与连接件 2 的通孔位置实现贯穿，形成可沿径向轴旋转的铰链，保证伸展臂收拢与展开过程中纵杆沿周向盘绕的运动自由度不受限制。

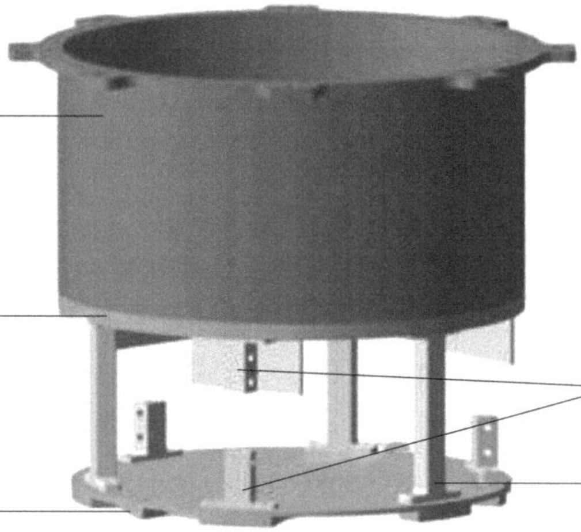

图 6－3　安装座

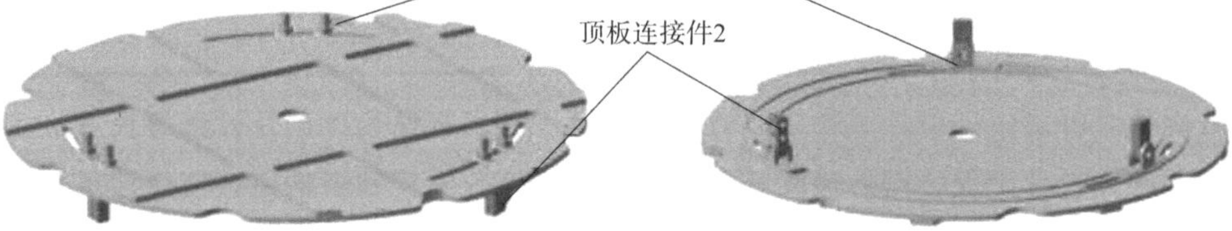

图 6－4　顶板组件

（c）铰链

铰链包括纵杆连接件和横杆连接件，纵杆连接件通过 M2.5 螺钉与纵杆固连，横杆连接件则通过两组连接孔使横杆和对角加劲索在内部重合，由 M2 螺钉压紧后点胶固定。横杆连接件能够以 M2.5 螺钉为轴进行转动，使得纵杆在展开及收拢过程中产生弯曲变形时，铰链自身有一定的运动自由度，可以保证对角加劲索、横杆、纵杆等的相对位置关系满足几何协调条件。

6.1.2　在轨验证

盘绕伸展臂是 SSS－1 卫星的关键有效载荷，其在轨展开是卫星形成长期在轨构型的关键步骤，因此在卫星入轨状态确认后，即开展相关准备工作。温度是影响盘绕伸展臂在轨展开的主要因素。一方面，纵杆及横杆的钛镍合金材料在低温条件下弹性会降低，低于

－25 ℃时甚至会发生相变，造成展开失效；另一方面，阻尼器特性也与温度有关，温度越高，阻尼越小。为保证盘绕伸展臂在较好的温度条件下实现在轨展开，地面在 2021 年 10 月 16 日 5 时 21 分发送遥控指令，开启位于纵杆根部固定基座的电加热片，进行主动加热。盘绕伸展臂及空间相机在入轨初期的温度变化曲线如图 6－5 所示，电加热片开启后，盘绕伸展臂温度有了明显提升。

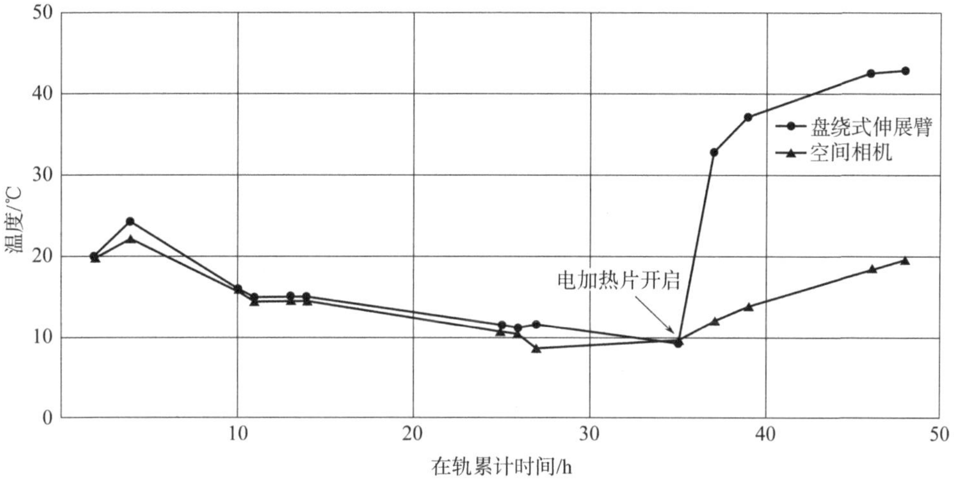

图 6－5　盘绕伸展臂及空间相机温度变化曲线（入轨初期）

2021 年 10 月 16 日 18 时，卫星经过七台河地面站测控区域，遥测信息显示盘绕伸展臂温度为 43.020 ℃，空间相机温度为 19.339 ℃，符合展开条件。18 时 21 分，地面发送遥控指令，控制盘绕伸展臂解锁展开，遥测数据显示展开长度不断增加，约 30 s 后便伸展至预定长度，遥测曲线如图 6－6 所示。与地面展开相比，盘绕伸展臂在轨展开时间明显缩短，主要受益于较好的展开温度条件及空间微重力环境。18 时 24 分，星务计算机输出判定信息：盘绕伸展臂展开长度符合预期且保持稳定，处于完全展开状态。这标志着盘绕伸展臂在轨展开试验取得圆满成功。

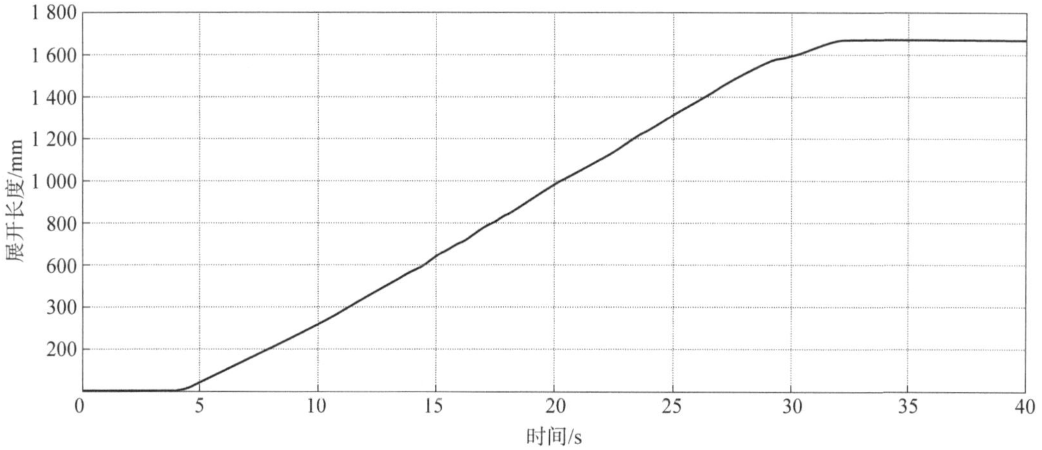

图 6－6　盘绕伸展臂展开长度遥测曲线

展开指令发送后，相关设备的供电状态（0：断电；1：上电）遥测曲线如图 6－7 所示。从中可知，展开控制器、编码器及其接口转换模块在展开指令发送后 3 s 内上电，做好展开准备。拔销器主接口从 4 s 开始供电至 14 s，备接口则一直处于断电状态，表明拔销器在主接口供电后即实现解锁，成功释放盘绕伸展臂。编码器及其接口转换模块供电至 134 s，对展开长度进行持续监测，在星务计算机判读盘绕伸展臂处于完全展开状态后才关机。随后，展开控制器断电，整星退出盘绕伸展臂展开模式。

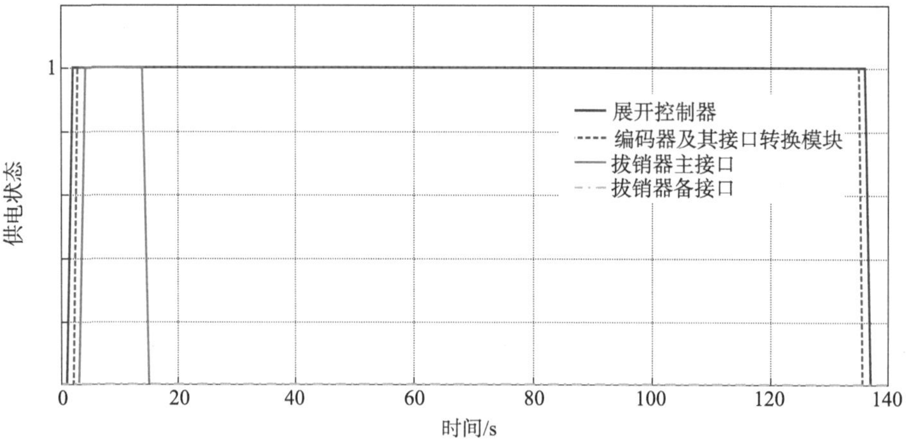

图 6－7　展开机构系统相关设备供电状态遥测曲线（见彩插）

展开指令发送后，位于其根部的空间相机也同步开机拍照，对盘绕伸展臂在轨展开过程进行完整记录。展开试验成功后，空间相机所拍照片传入 S 波段数传机，并在经过 S 地面站时传输至地面，解码后照片如图 6－8 所示。

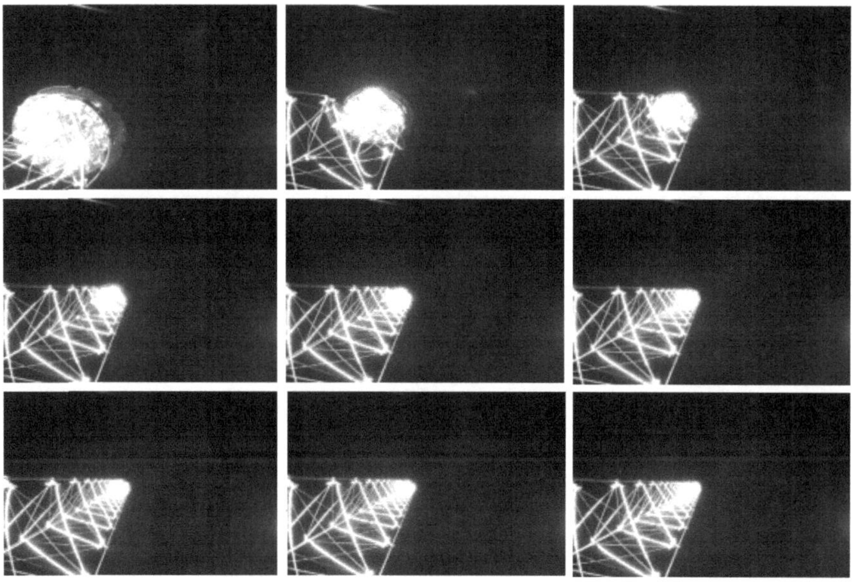

图 6－8　盘绕伸展臂在轨展开过程（空间相机拍摄）（见彩插）

图 6-9 为空间相机在 2022 年 10 月所拍摄的照片，此时卫星在轨时间已满 1 年，可发现盘绕伸展臂仍然处于完全展开状态，并未发生明显变化，表明其在空间环境中可以较长时间保持稳定构型。同时，照片拍摄时卫星盘绕伸展臂指向地球方向，地面亮度处于明暗交界状态，这也是卫星所在晨昏轨道的典型特征。

图 6-9　盘绕伸展臂在轨状态（空间相机拍摄）

6.2　全变源追踪猎人星座计划（CATCH）

时域天文学的主要研究对象是暂现源和剧烈爆发天体（如黑洞、中子星、超新星爆发等）。它是现代天文学一个极其重要的发展方向，也是目前国际天文学的竞争制高点。为了开展时域天文学研究，需要对可能突发的天文目标进行观测。面对这一问题，中国科学院高能物理研究所提出用微小卫星观测星座替代单颗大型观测卫星来实施天文观测的方案，即全变源追踪猎人星座计划（CATCH）如图 6-10 所示。CATCH 将由数百颗微纳卫星组成的观测星座，每颗卫星上都将载有我国自主研发的新一代紧凑型和轻量化的聚焦型 X 射线望远镜。这不仅实现了对多个目标天体的同时观测以及对突发天文现象的快速捕捉，还能极大地降低单颗卫星的质量、观测要求和成本。微小卫星天文观测星座一旦建立，将使我国在天文观测领域达到世界领先水平[3]。

为了提高观测质量，光学载荷通常需要具备大焦距和高精度的特性。传统航天器为了满足这些要求，通常安装长达数米的镜筒结构，这大大增加了卫星的质量和尺寸包络。盘绕伸展臂作为一种具有高收拢展开比的一维伸展机构，能够在卫星发射阶段盘绕收拢至较小的空间，并在卫星入轨后实现展开，从而可替代传统的镜筒结构，在增加光学焦距的同时实现较小的卫星包络尺寸。

盘绕伸展臂是微小卫星平台在轨部署大焦距光学载荷的极优方案，但依靠伸展臂自身的展开精度无法满足光学载荷的要求。因此，需要根据任务需求，在盘绕伸展臂机构上增加精密的末端光学光轴调整机构与测量系统，开展含盘绕伸展臂的光学稳定系统展开设计研制，以同时满足光学系统的大焦距和高精度要求。

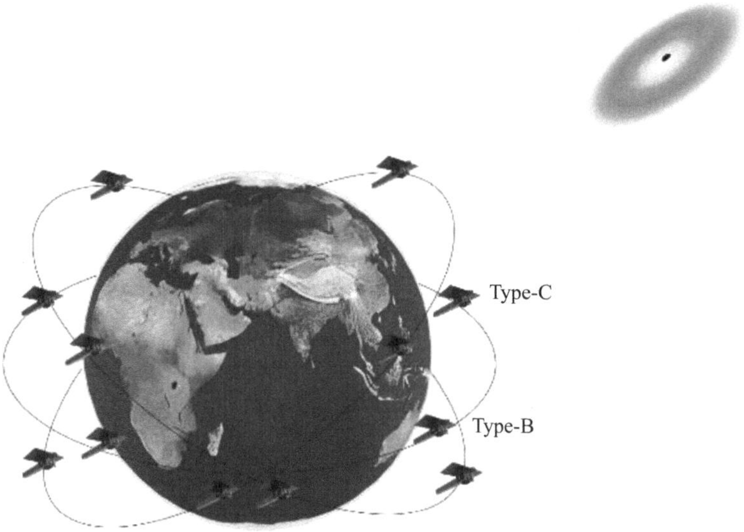

图 6-10　CATCH 星座示意图[3]

6.2.1　末端光路测量与调整装置设计

(1) 光学稳定系统任务需求

1) 需要具有测量光轴对准误差和镜头定位误差能力的测量系统。

2) 综合考虑镜头沿 X 轴、Y 轴的角度误差（镜头倾角误差）和沿 X 轴、Y 轴的平移误差（镜头平面误差）的影响，使镜头光轴尽可能地落在探测器中心，以提高成像质量。

3) 可以忽略光学镜头沿 Z 轴的角度误差（镜头扭转角）与沿 Z 轴的平移误差（焦距误差）对成像的影响。

(2) 盘绕伸展臂设计

设计采用拉索展开的三角形截面铰接式伸展臂[4-6]作为 CATCH 的展开机构。该伸展臂主要由纵杆、横架和对角加劲索等组成。纵杆的长度与伸展臂展开状态相同，并与两端结构件相连接，具有良好的弹性。收拢时，纵杆受弯扭组合沿周向盘绕，压缩比大；展开时，纵杆提供刚度和强度。横架由 3 根横杆和 3 个铰链组成，展开后可承担剪切载荷。对角加劲索布置在相邻横架间，起到几何限位的作用。

伸展臂纵杆的顶部安装顶板组件，根部与安装座相连。其中，顶板中心存在一固定的锁紧连杆，其主要作用是作为锁紧释放结构的重要组成部分，在伸展臂收拢时锁紧整体结构，并在展开过程中与拉索连接，实现对展开速度的控制。

设计的盘绕伸展臂实物样机如图 6 - 11 所示。

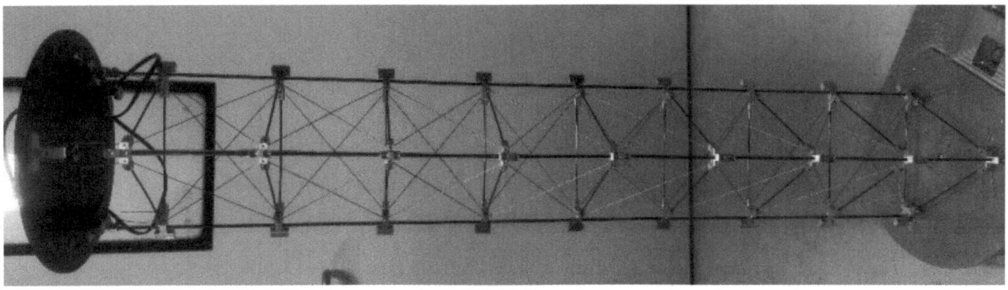

图 6 - 11　盘绕伸展臂实物样机

顶板组件、锁紧连杆等结构件与铰接头等部件在伸展臂展开运动中保持固定或仅做刚体运动，并未参与大的弹性变形。根据航天任务的要求，设计选用铝合金。对角加劲索选用不锈钢丝绳[6]。纵杆和横杆的材料选用钛镍合金，该材料具有超弹性，且断裂强度高。

CATCH 镜头的尺寸为 18 cm×18 cm，光学平台的宽度略大于 18 cm。据此，与光学平台相连的盘绕伸展臂的盘绕半径采用 $R = 100$ mm。纵杆直径的设计值取 $d = 3.5$ mm，节距 $t = 1.25R$。根据空间 X 射线探测任务的总体要求，伸展臂展开后的纵杆长度为 1 000 mm。在伸展臂总体设计时，横架层数设计为 8 层，且顶层与底层的距离短于整体纵杆长度。

(3) 调整机构设计

设计采用 Kelvin 光学调整架（以下简称“镜架”），该镜架由镜架底座、镜架动平台、驱动机构（螺纹副）、复位机构（拉簧）等部分组成[7,8]，其中，驱动机构采用压电螺钉。镜架底座设计为 L 型，在结构的两端预留有安装孔，压电螺钉在该处通过连接器与镜架底座固连。镜架动平台设计为方形框架，为顶部的光学平台提供稳定支撑。镜架底座和动平台的材料选用硬铝合金 2A12，表面做阳极氧化处理。

在镜架底座和镜架动平台的对角处设计一锥形凹槽，用于放置定位圆球。圆球使用直径为 9.5 mm 的不锈钢轴承钢珠。锥形槽半径为 4.4 mm，锥角为 45°，锥形槽尾部做通孔处理。镜架动平台的平面块约束处设计一个深 2.5 mm、直径为 6 mm 的圆形沉槽，后期装入一厚度为 2.5 mm 的钢片，减少平面块与螺杆球头的磨损。镜架动平台 V 形槽约束处设计一长方形沉槽，内部装入两个圆柱作为导轨，便于加工安装，在起到限位作用的同时，减少摩擦损耗。在压电螺钉和拉簧之间的区域共有 6 个拉簧，两端位于镜架底座和镜架动平台上预留的安装孔里，通过螺纹销连接到底座和平台上，为镜架底座和镜架动平台之间提供预紧力。光学调整机构实物如图 6 - 12 所示。

(4) 测量系统设计

本设计采用位置敏感探测器（PSD），可将光点位置转换为电流，之后 PSD 读取器会将该电流转换为位置信息，并通过端口指令的形式反馈给用户。半导体激光器根据 PSD 的参数确定，本设计采用工作波长为 532 nm，功率为 1 mW 的半导体激光器。

图 6-12 光学调整机构实物

(5) 光学稳定系统集成

光学稳定系统主要由执行器、传感器、被控对象和控制单元等部分组成。各组件之间形成闭环连接，如图 6-13 所示，共同实现光学稳定闭环控制的目标。

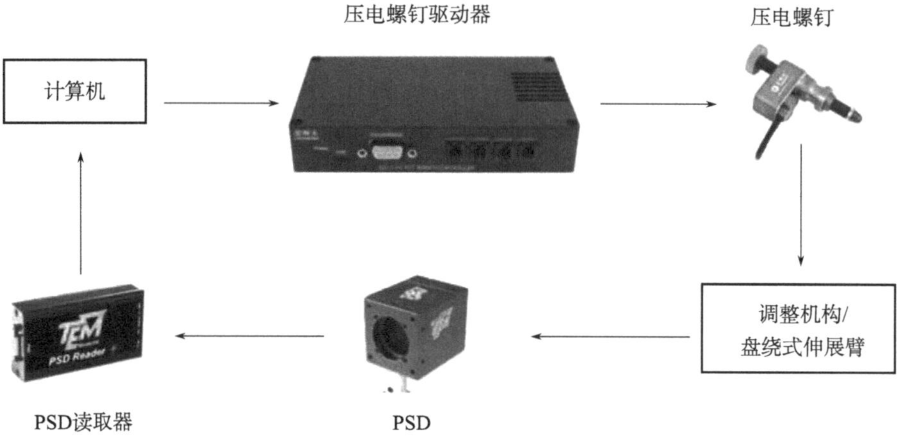

图 6-13 光学稳定系统闭环回路

最终的光学稳定系统地面样机如图 6-14 所示。

6.2.2 地面验证

(1) 静态误差控制试验

(a) 开环控制试验

本试验的目的为验证激光-PSD 测量系统在脱靶时控制系统实现粗对准（激光命中 PSD）的功能。试验过程中激光点在焦平面上的变化如图 6-15 所示，其中，左右激光点分别为激光器 1 和激光器 2 的光斑，中心激光点为激光器 3 的光斑（光轴落点）。试验开始时，手动设置调整机构，使得激光器 1 和激光器 2 分别脱离 PSD1 和 PSD2 的靶面。

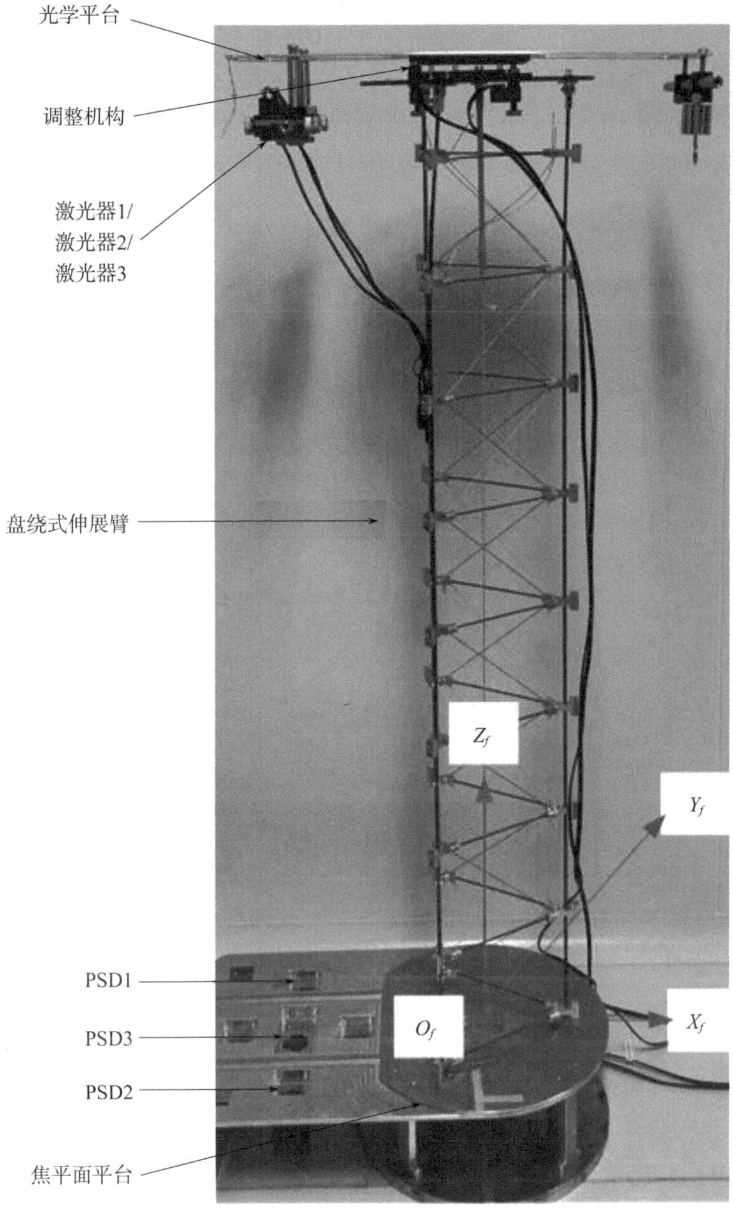

图 6-14　光学稳定系统地面样机

之后，控制器开始开环控制调整机构进行扫描，图 6-15（a）～（h）显示了开环扫描过程中激光器光斑的位置，其轨迹如图 6-16 所示。直至图 6-15（h）中 PSD1 和 PSD2 均接收到激光，控制器开始运行闭环控制算法，最终在图 6-15（i）中对准误差被完全消除。该试验结果表明，控制器通过开环控制激光光斑按“螺旋形”轨迹扫描，可以实现激光-PSD 初始脱靶时的粗对准。

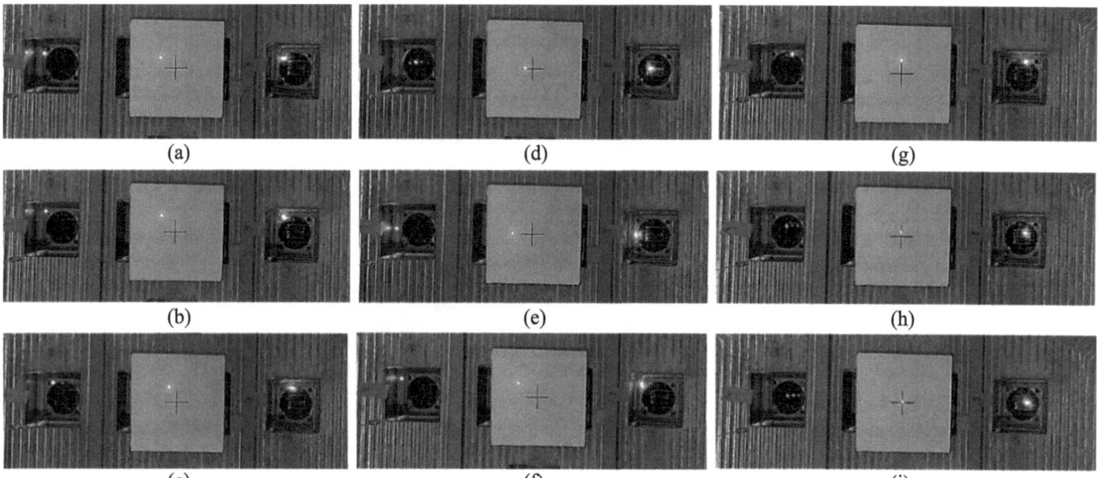

图 6－15　开环控制试验中激光点在焦平面上变化（见彩插）

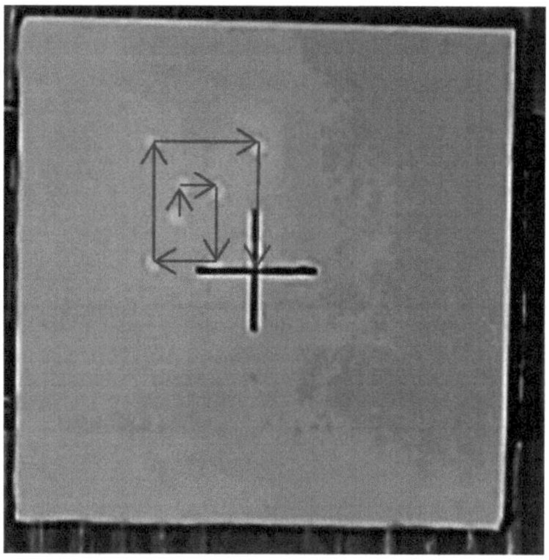

图 6－16　开环控制试验中激光点扫描轨迹

（b）静态误差控制试验

本试验的目的为验证比例控制律对静态对准误差的控制效果。试验条件方面，镜架长度 $L=100$ mm，光程长 $L_p=1\ 000$ mm，压电螺钉螺纹距 $P_{screw}=0.317\ 5$ mm，步进角 $\theta_{PZT}=0.7\ \mu rad$，计算出压电螺钉的运动步长 $k_{PZT}\approx 35$ nm 。压电驱动器的锯齿波频率 $f_{PZT}=2.2$ kHz，则压电螺钉的步进速度为 $v_{PZT}=0.3$ mm/s 。PSD 的采样周期设置为 $T_{spl}=0.1$ s 。

运行比例控制律的控制程序，光轴对准误差被成功校准，结果如图 6－17 所示，PSD3 信号为图 6－17（c）和（f）所示的对准误差信号。由图 6－17（a）、（b）和（d）、（e），可发现 PSD1 和 PSD2 信号的变化轨迹及随时间变化曲线与光轴对准的一致，说明激光-PSD 测量系统能反映光轴的对准误差的变化规律。

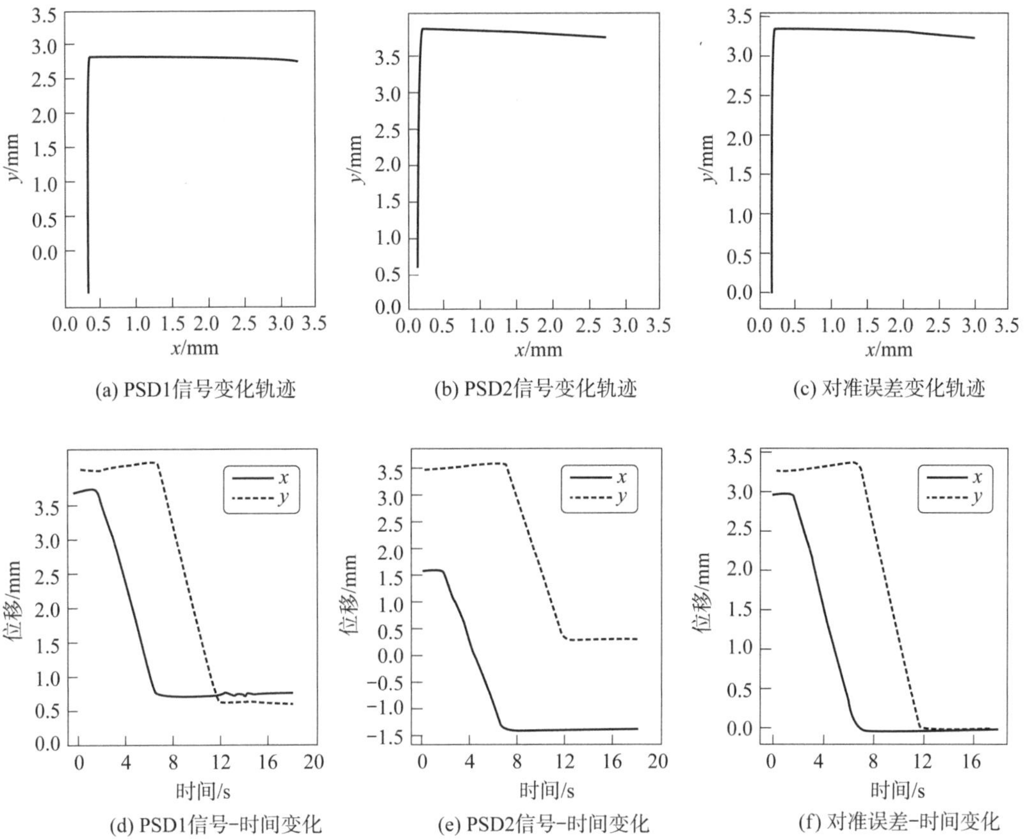

(a) PSD1信号变化轨迹　(b) PSD2信号变化轨迹　(c) 对准误差变化轨迹

(d) PSD1信号-时间变化　(e) PSD2信号-时间变化　(f) 对准误差-时间变化

图 6-17　静态对准控制试验结果

由图 6-17（c）和（e）可以发现，当作动器步进步长和光学平台扭转角估计值准确时，1 个控制周期即可完成光轴对准误差的精准控制。在 0～12 s 的第一个控制周期内，控制系统成功将对准误差从 4.4 mm 降低为 0.23 mm，并在第 15 s 时将对准误差控制在 0.01 mm 以下，这表明 PSD1 和 PSD2 能精确测量光轴对准误差，所设计的对准控制律能快速精准地实现静态误差控制。

（c）扭转角估计误差变化时控制试验

该试验的目的为探究在空间中伸展臂扭转角估计误差较大时，是否会影响比例控制律的收敛性。在试验条件中，伸展臂扭转角为 $\varepsilon_z = -0.8°$，设定控制器参数中的伸展臂扭转角估计值分别为 $\hat{\varepsilon}_z = 0$，$\hat{\varepsilon}_z = -10°$ 和 $\hat{\varepsilon}_z = 10°$，其余试验条件与静态误差控制试验中条件相同，重复静态误差对准控制试验后结果如图 6-18 所示。

结果显示，扭转角估计误差变化较大时，比例控制律可以使对准误差收敛，说明在空间中该控制器在伸展臂扭转角变化时，比例控制律仍可收敛。

（d）作动器步长估计误差变化时控制试验

该试验的目的为探究在空间环境中作动器的步进步长变化较大时，是否会影响比例控制律的收敛性。在试验条件中，作动器实际步进步长为 $k_{PZT} = 35$ nm，设定控制器参数中

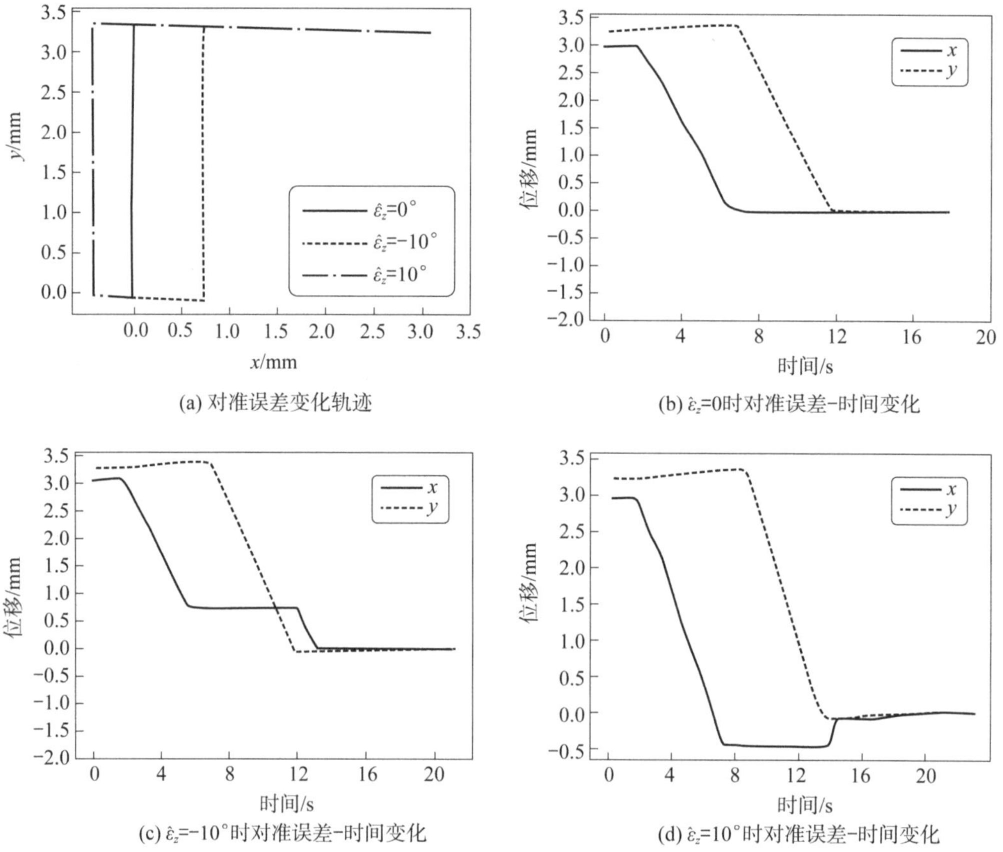

(a) 对准误差变化轨迹

(b) $\hat{\varepsilon}_z$=0时对准误差-时间变化

(c) $\hat{\varepsilon}_z$=-10°时对准误差-时间变化

(d) $\hat{\varepsilon}_z$=10°时对准误差-时间变化

图 6-18　扭转角估计值变化时对准误差控制试验结果

的作动器步进步长估计值分别为 $\hat{k}_{PZT}=35$ nm ($g=1$)，$\hat{k}_{PZT}=43.8$ nm ($g=0.8$)，$\hat{k}_{PZT}=26.9$ nm ($g=1.3$)，其余试验条件与静态误差控制试验中条件相同，重复静态误差对准控制试验后结果如图 6-19 所示。

由试验结果可知，当作动器步进步长的实际值小于估计值 ($g<1$) 时，控制器计算出的步进步数小于对准所需的步进步数，导致误差收敛路径为“阶梯形”。当作动器步进步长的实际值大于估计值 ($g>1$) 时，控制器计算出的步进步数大于对准所需的步进步数，导致误差收敛路径为“螺旋形”。这说明环境变化导致作动器步进步长变化时，比例控制律可以收敛。

综上，所设计的比例控制器可以实现静态对准误差的控制，且收敛条件较为宽松，具有很强的适应性。

(2) 低频误差控制试验

本试验的目的为验证比例控制律对低频变化的对准误差具有良好的跟踪效果。在试验中，用 PSD1 和 PSD2 测量值为控制器提供反馈信息，用 PSD3 测量值加上动态误差来模拟存在热应变时 X 射线镜头的对准误差。当 PSD3 测量值为 0 时，可以校准得到 $x^0_{PSD1}=$

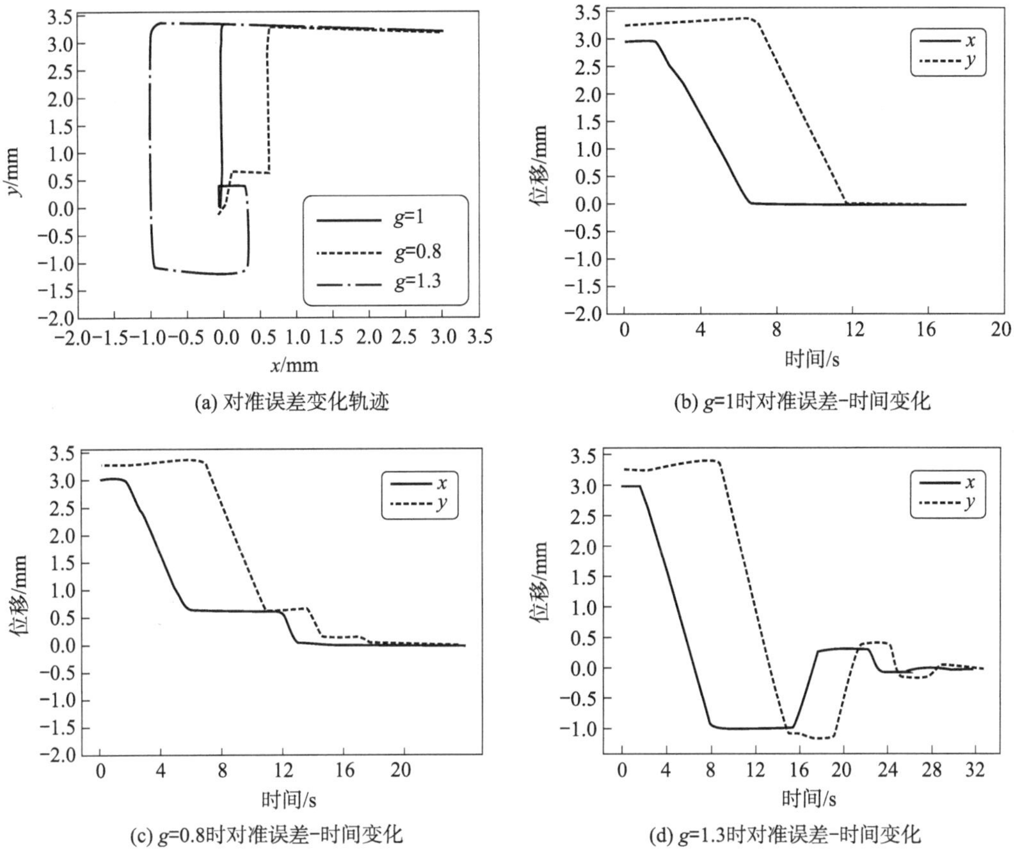

(a) 对准误差变化轨迹　(b) g=1时对准误差-时间变化

(c) g=0.8时对准误差-时间变化　(d) g=1.3时对准误差-时间变化

图 6－19　作动器步进步长估计值变化时对准误差控制试验结果

0.752 mm，$y^0_{\mathrm{PSD1}}=0.649$ mm，$x^0_{\mathrm{PSD2}}=-1.352$ mm，$y^0_{\mathrm{PSD2}}=0.336$ mm。随后调节压电螺钉，使得 PSD3 测量的初始值约为（3.0 mm，3.4 mm）。假定试验环境无干扰，测得此时伸展臂扭转角 $\varepsilon_z=-0.8°$ 。

在控制器参数选择方面，设定 $\hat{\varepsilon}_z=0$，$\hat{k}_{\mathrm{PZT}}=35$ nm，RC 滤波器截止频率 $f_c=0.2$ Hz，协方差矩阵 $\boldsymbol{P}_0=\mathrm{diag}(1\ \mathrm{mm}^2,\ 1\ \mathrm{mm}^2)$，$\boldsymbol{Q}=\mathrm{diag}(0.01\ \mathrm{mm}^2,\ 0.01\ \mathrm{mm}^2)$ 。

设热应变导致盘绕伸展臂的横向位移为 $t_x=\sin(0.005t+4)$ mm，$t_y=\cos(0.005t+4)$ mm，其中，t 为时间，单位为 s。则光轴的动态对准误差为 $r=(t_x,\ t_y)$，第 k 个控制周期内的对准误差长周期扰动为 $f_k=r_{k+1}-r_k$。

试验中 PSD3 信号反映作动器的实际运动，该信号加上长周期扰动信号可反映热应变工况下光轴的对准误差。试验结果如图 6－20 所示，其中图 6－20（a）表明控制器对长周期动态误差具有较强的控制能力，该试验中动态对准误差的控制精度小于 0.1 mm。此外，由图 6－20（b）～（e）可以看出，PSD3 信号与动态误差变化轨迹关于中心对称，动态误差和 PSD3 信号接近互补的关系。

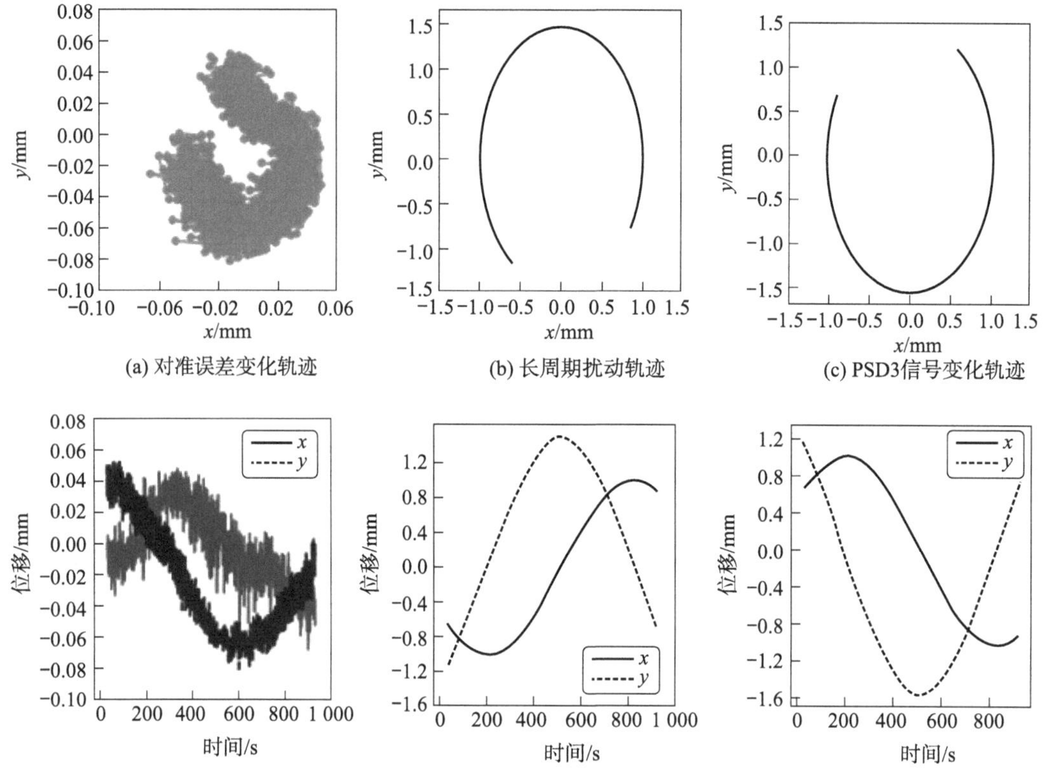

(a) 对准误差变化轨迹　(b) 长周期扰动轨迹　(c) PSD3信号变化轨迹

(d) 对准误差-时间变化　(e) 长周期扰动-时间变化　(f) PSD3信号-时间变化

图 6-20　长周期扰动下对准误差控制试验结果（见彩插）

（3）高频误差抑制试验

本试验的目的为验证控制器中的滤波器可以过滤高频变化的对准误差，使光轴的平衡位置指向探测器中心。

在试验中，使用 PSD1 和 PSD2 的测量值为控制器提供反馈信息，利用 PSD3 测量值加上动态误差来模拟 X 射线镜头在高频振动时的对准误差。当 PSD3 测量值为 0 时，校准得到 $x_{PSD1}^{0}=0.752$ mm，$y_{PSD1}^{0}=0.649$ mm，$x_{PSD2}^{0}=-1.352$ mm，$y_{PSD2}^{0}=0.336$ mm。随后调节压电螺钉，使得 PSD3 测量的初始值约为（3.0mm，3.4mm），此时伸展臂扭转角 $\varepsilon_z=-0.8°$。

在控制器参数选择方面，设定 $\hat{\varepsilon}_z=0$，$\hat{k}_{PZT}=35$ nm，RC 滤波器截止频率 $f_c=0.2$ Hz，协方差矩阵 $\boldsymbol{P}_0=\mathrm{diag}(1\ \mathrm{mm}^2,\ 1\ \mathrm{mm}^2)$，$\boldsymbol{Q}=\mathrm{diag}(0.01\ \mathrm{mm}^2,\ 0.01\ \mathrm{mm}^2)$。

假设在伸展臂振动工况下，PSD 信号中叠加了计算机生成的频率为 1 Hz 的高频扰动信号 $r=[0.5\sin(2\pi t)\mathrm{mm},\ 0.5\cos(2\pi t)\mathrm{mm}]$，其中 t 为时间，单位为 s。试验中 PSD3 信号反映了光轴平衡位置（无高频振动时光轴位置）的对准误差信号，该信号加上高频扰动信号为振动工况下的光轴对准误差。在一组试验中，对准误差信号经过 RC 滤波器和卡尔曼滤波器后输入比例控制器计算。作为对比，另一组试验中关闭了滤波器，对准误差信号直接被输入比例控制器，然后监测试验中的 PSD3 信号位置。试验结果如图 6-21 所示。

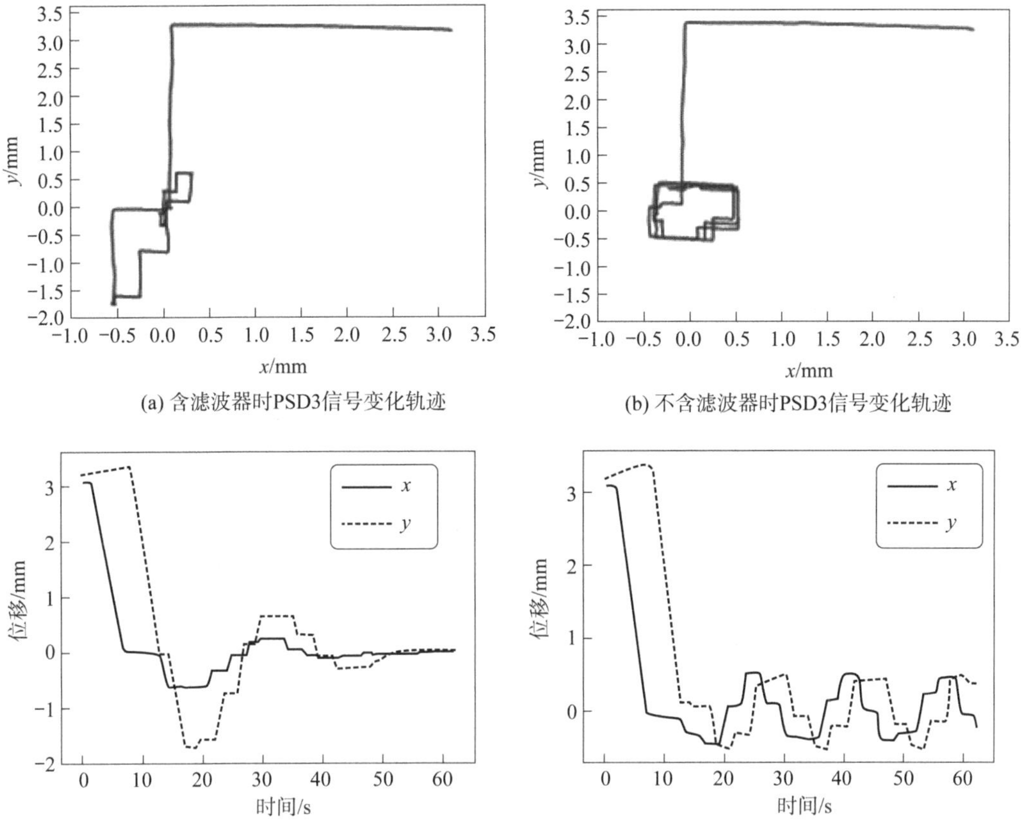

(a) 含滤波器时PSD3信号变化轨迹　(b) 不含滤波器时PSD3信号变化轨迹

(c) 含滤波器时PSD3信号-时间变化　(d) 不含滤波器时PSD3信号-时间变化

图 6－21　伸展臂振动时对准误差

图 6－21（a）和（c）反映了反馈信号中含有高频噪声时，滤波器成功估计出光轴的平衡位置，使得控制器在 50 s 时让 PSD3 信号趋于稳定。而图 6－21（b）和（d）说明不含滤波器的控制器会试图跟踪高频对准误差，但由于调整机构的运动速度较慢，无法及时做出补偿，最终导致光轴平衡位置始终随动态误差信号变化而无法稳定。这说明所设计的滤波器成功抑制了高频信号的干扰作用，使光轴的平衡位置指向探测器中心，进而提高了光学稳定控制系统在振动工况下的稳定性。

（4）盘绕伸展臂重复展开试验

对于盘绕伸展臂，试验的主要目标为研究伸展臂在重复展开后其末端的位置变化。在试验中，盘绕伸展臂首先被收拢并锁紧，然后在地面上竖直展开，展开完成后测量盘绕伸展臂末端的位姿，以上试验过程将重复进行 10 次。

盘绕伸展臂的展开精度由精确度和重复性两部分组成。其中，精确度反映了绝对位置误差的指标，表示为展开误差的平均值。重复性指衡量多次重复展开精度一致性的能力，当伸展臂展开误差满足正态分布状态时，重复性被表示为展开误差的标准偏差。对盘绕伸展臂进行 10 次重复展开试验，平移误差和角度误差的试验结果如图 6－22 和图 6－23 所示。

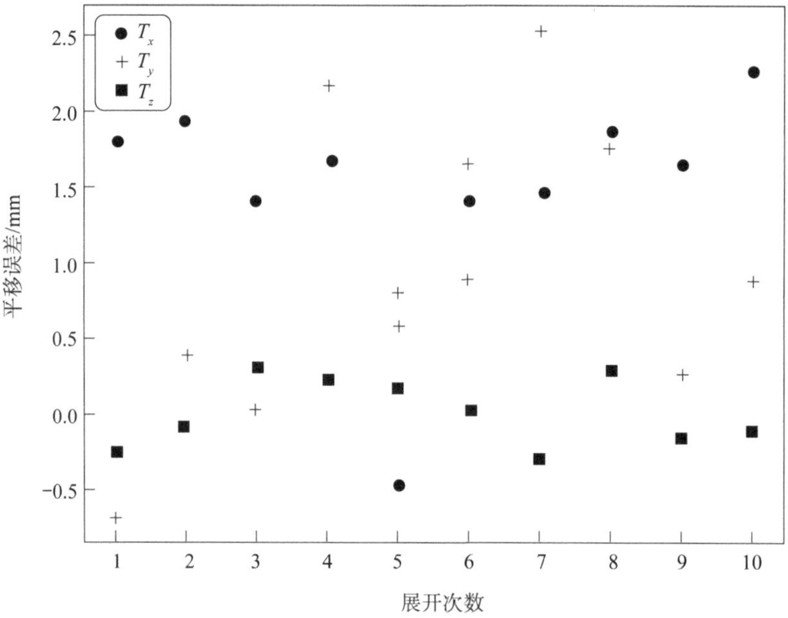

图 6-22　平移误差试验结果

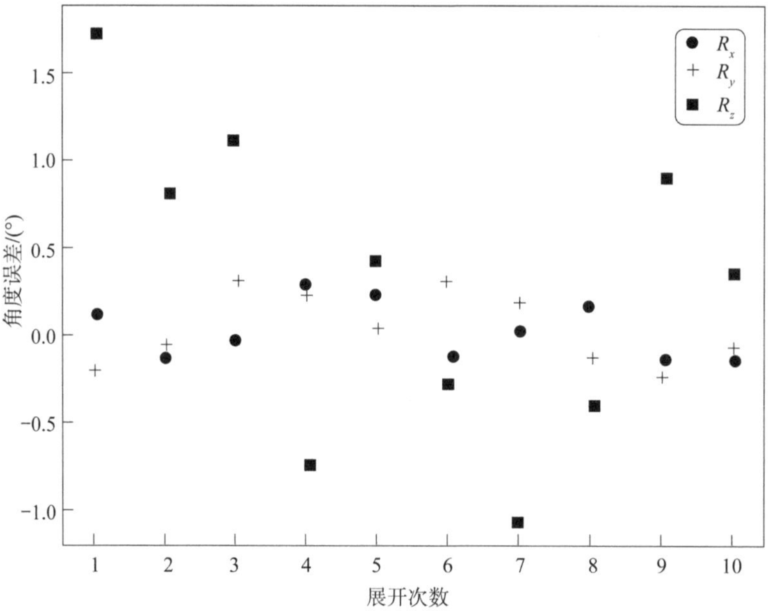

图 6-23　角度误差试验结果

盘绕伸展臂的重复展开精度如表 6-1 所示。

表 6-1　重复展开精度

展开误差	平均值	标准偏差	展开精度
T_x /mm	1.51	0.55	较低
T_y /mm	0.99	1.04	较低
T_z /mm	0.03	0.05	较高
R_x /(°)	0.039 3	0.026 5	较高
R_y /(°)	0.044 5	0.044 1	较高
R_z /(°)	0.287 6	0.794 7	较低

可知，盘绕伸展臂沿 X、Y 轴倾斜与 Z 轴平移方向的展开精度较高，沿 X、Y 轴平移与 Z 轴扭转方向的展开精度较低。

设盘绕伸展臂展开误差的范围为 $|T_x|$、$|T_y| < 2$ mm，$|R_x|$、$|R_y| < 0.1°$，$|R_z| < 2°$。根据几何光学模型计算出对准误差的分布范围，在 X 方向上约为 −4～4 mm，在 Y 方向约为 −12～12 mm，如图 6-24（a）所示。

调整机构中压电螺钉的伸长范围为 −6.5～6.5 mm，通过调整机构运动学方程计算出调整机构的工作空间。图 6-24（b）红色散点表示调整机构控制下光轴落点的可达空间，而中心蓝色区域表示对准误差的分布范围，证明该机构的调整能力足以补偿伸展臂展开误差引起的光轴对准误差。

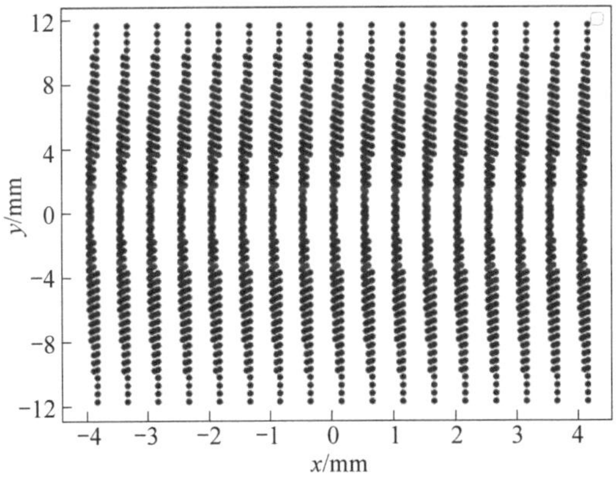

(a) 对准误差分布

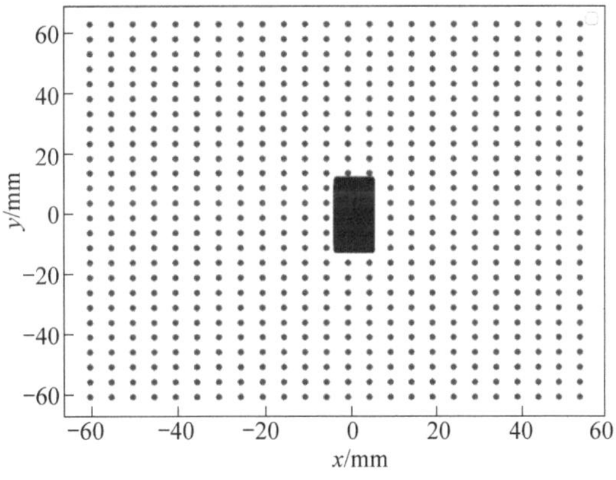

(b) 调整机构工作空间

图 6-24　调整机构工作空间（见彩插）

根据伸展臂的展开误差范围，计算出光学稳定系统控制光轴对准后的精度。结合前文的试验和测量结果，得到地面样机的性能指标，如表 6-2 所示，可见该含盘绕伸展臂的光学稳定系统满足“CATCH”的性能指标。

表 6-2　地面样机性能指标

指标	地面样机	CATCH
焦距/m	1	1
质量/kg	2.4	<2.5
对准误差测量精度/mm	<0.001	<0.01
静态对准误差/mm	<0.01	<1
焦距误差/mm	<3	<15
镜头扭转角/(°)	<2	

参考文献

[1] 李延斌，包钢，王祖温，等．三自由度气浮台自动平衡系统动力学建模［J］. 中国惯性技术学报，2005，13（5）：82－86.

[2] 陈务军，张淑杰. 空间可展结构体系与分析导论［M］. 北京：中国宇航出版社，2006：13－27.

[3] LI P，YIN Q Q，LI Z，et al. CATCH：chasing all transients constellation hunters space mission［J］. Experimental Astronomy，2023，55（2）：447－486.

[4] 张伟. 微小卫星系统设计及其盘压伸杆技术研究［D］. 北京：北京航空航天大学，2010.

[5] 黄海，赵旭瑞，孙亮，等. 亚太大学生小卫星 SSS－1 系统设计与在轨试验［J］. 航空学报，2022，43（10）.

[6] 马海波. 微纳卫星机热系统设计及关键技术研究［D］. 北京：北京航空航天大学，2017.

[7] 吴文凯，陈晓娟，符春渝，等. 反射镜用 Kelvin 支承定位精度研究［J］. 机械设计与研究，2002，18（6）：50－52.

[8] 郭建增，刘铁根，池伟，等. 大口径精密光学调整架的优化设计［J］. 强激光与粒子束，2013，25（2）：301－304.

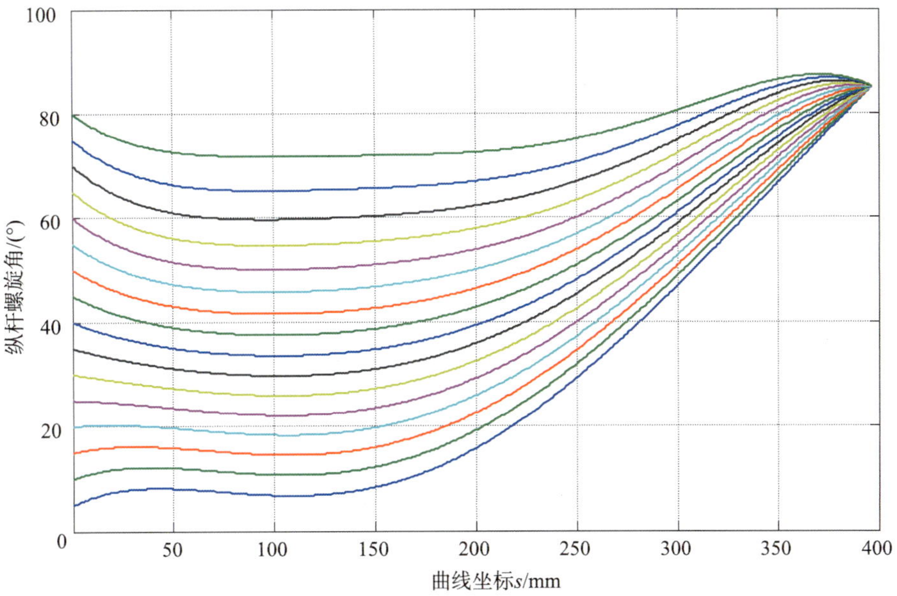

图 2 - 14　根部 4 节纵杆螺旋角变化示意图（P24）

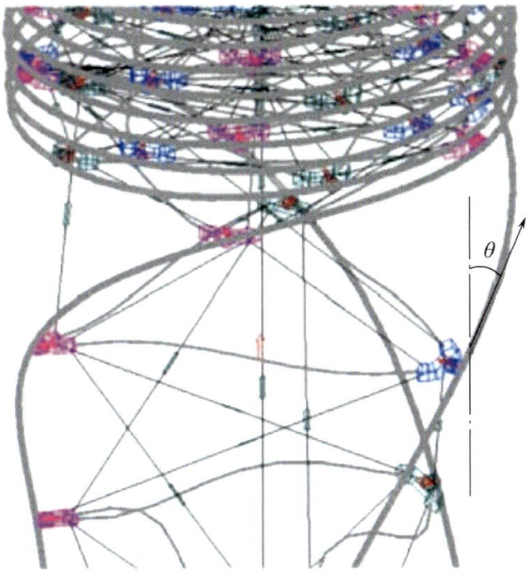

图 2 - 15　纵杆螺旋角定义（P26）

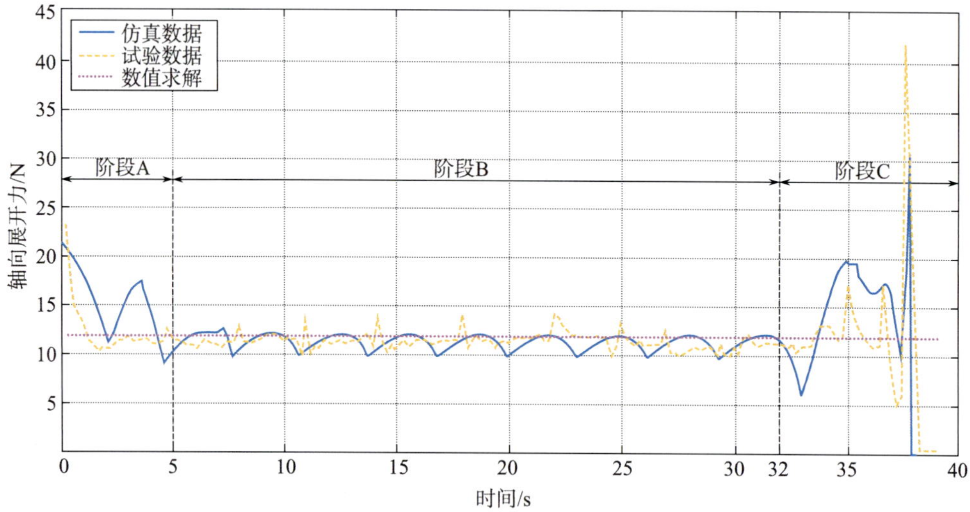

图 2－18　盘绕展开机构展开力对比（P28）

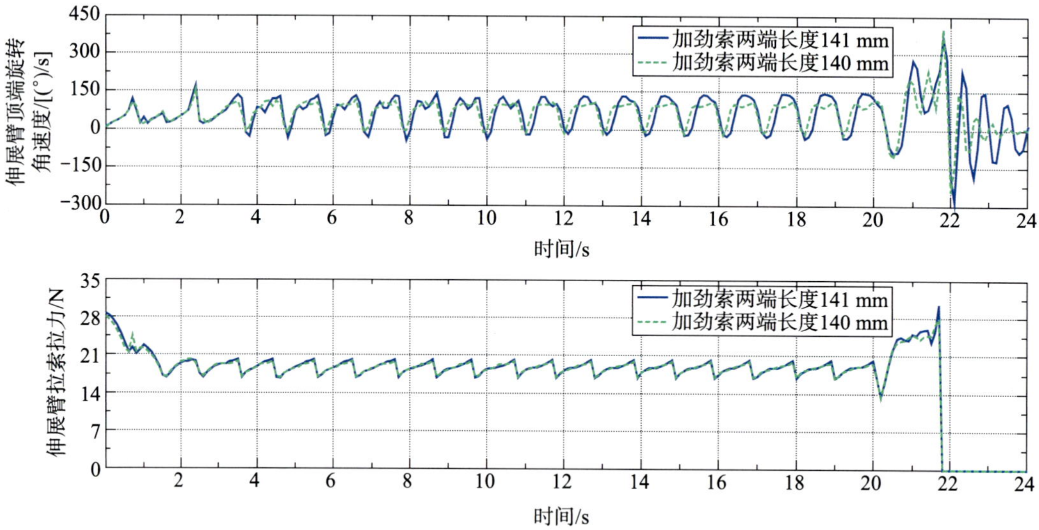

图 3－12　不同仿真预紧力条件下展开机构展开特性对比（P42）

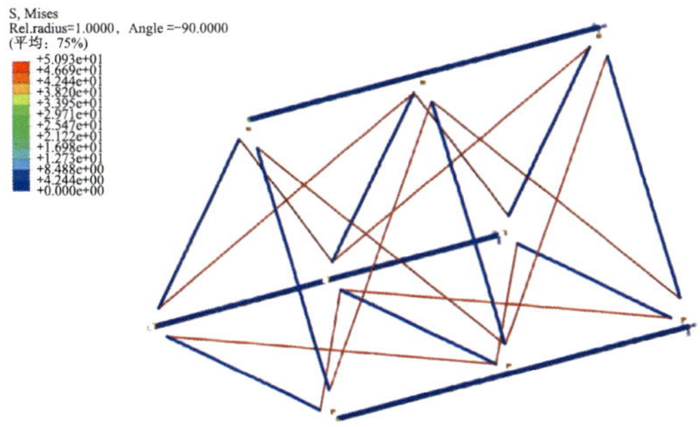

(a) 对角加劲索预紧分析前应力云图

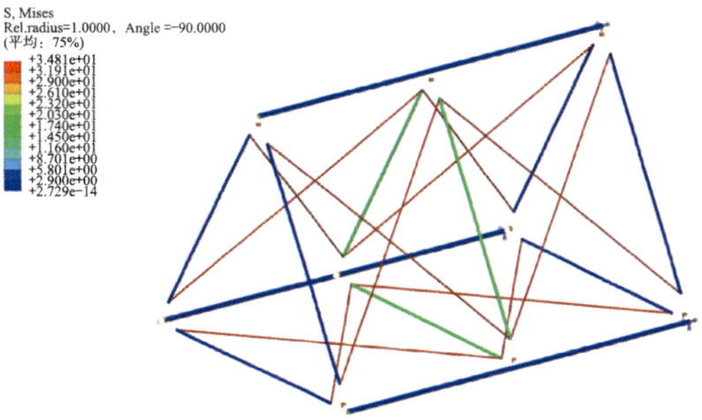

(b) 对角加劲索预紧分析后应力云图

图 3－22　展开机构缩比模型（P49）

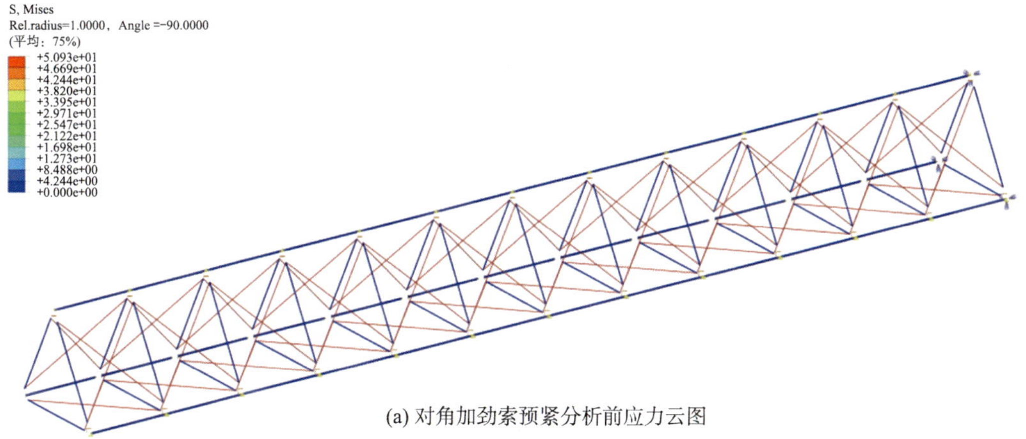

(a) 对角加劲索预紧分析前应力云图

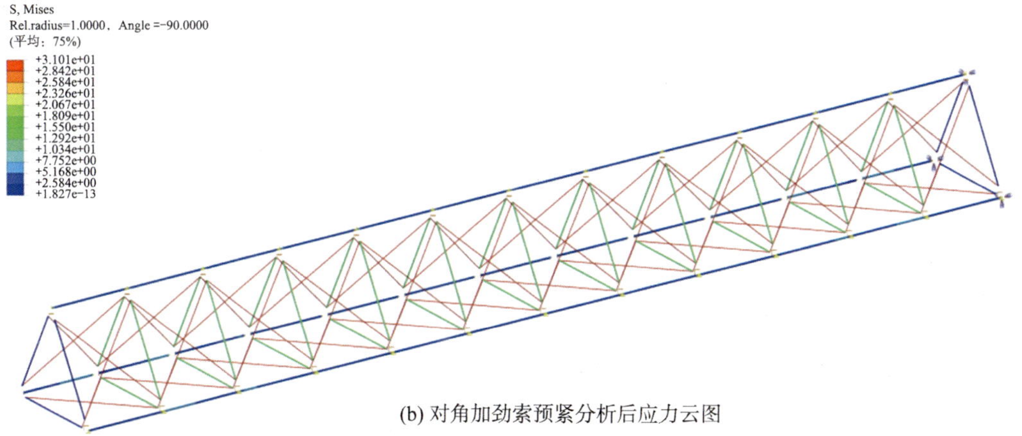

(b) 对角加劲索预紧分析后应力云图

图 3－25　展开机构全长模型（P51）

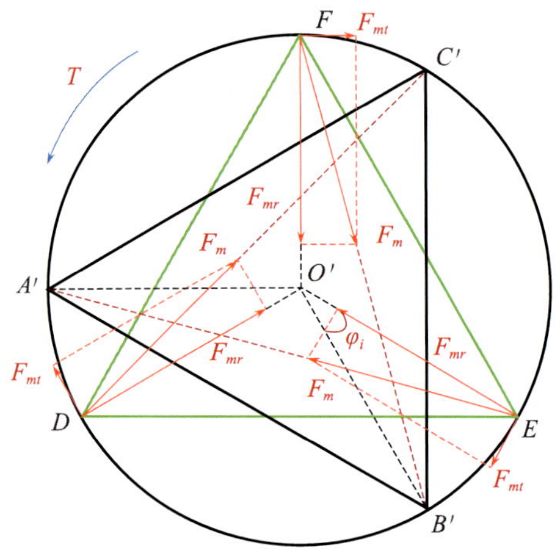

图 3-30 单节扭转受力分析（P55）

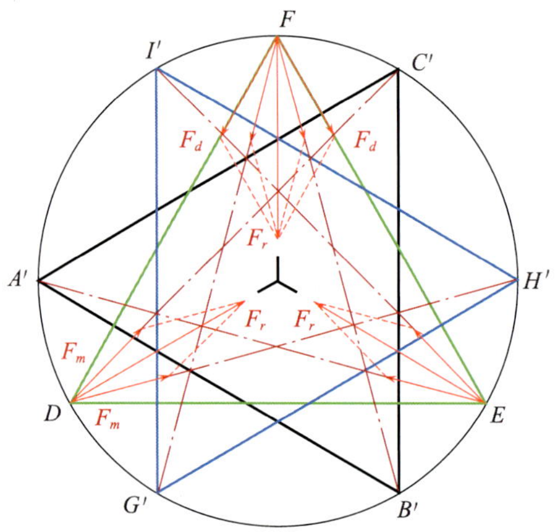

图 3-32 单层径向受压分析（P57）

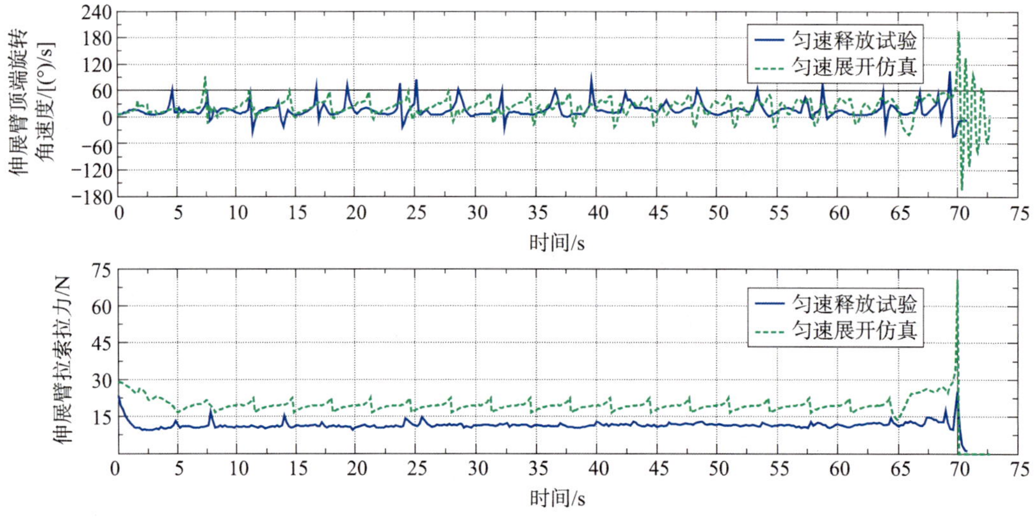

图 4-23 伸展臂匀速展开的试验与仿真对比（P82）

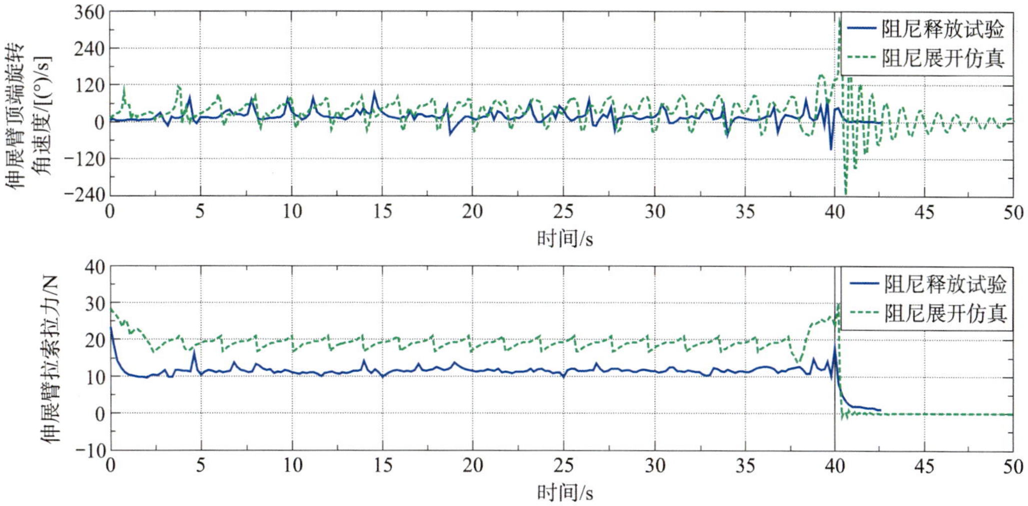

图 4-24　伸展臂阻尼展开的试验与仿真对比（P82）

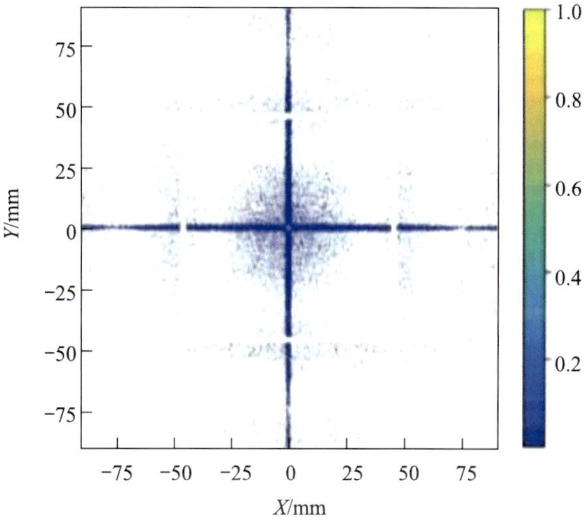

图 5-9　十字臂型 PSF（P93）

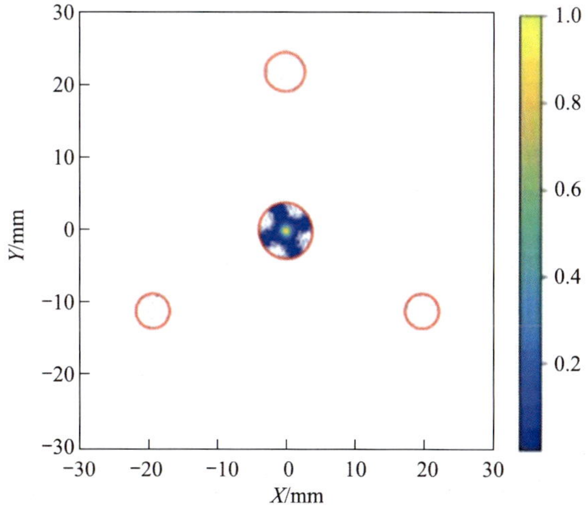

图 5-10　镜头存在扭转角时探测器 PSF（P93）

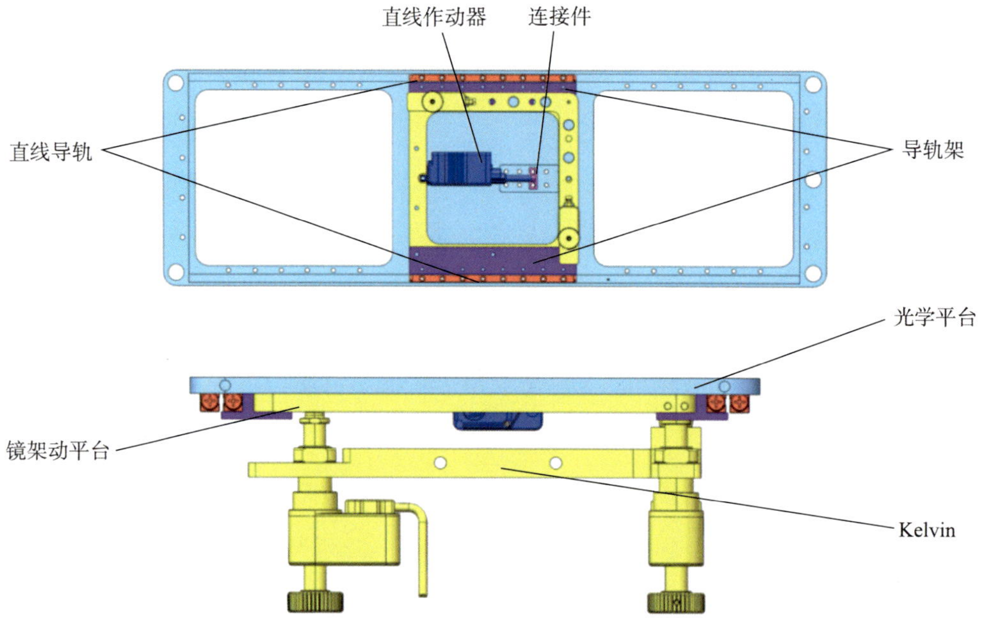

图 5-17　直线滑台设计（P99）

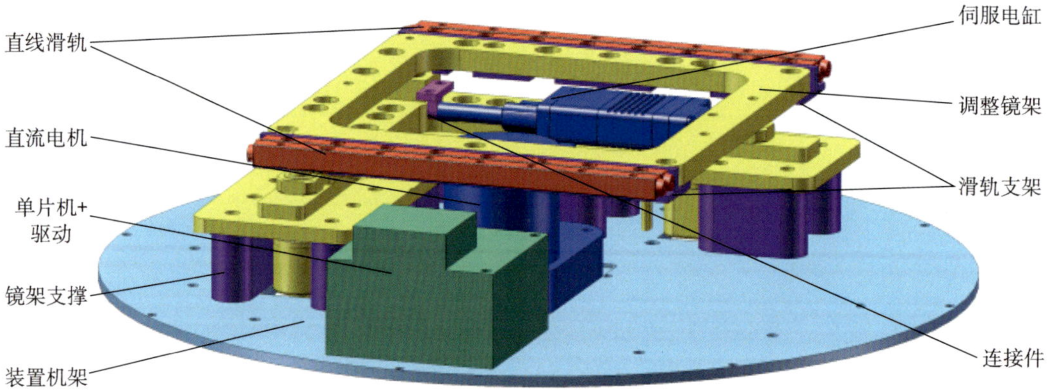

图 5-25　末端调整系统整体建模图（P105）

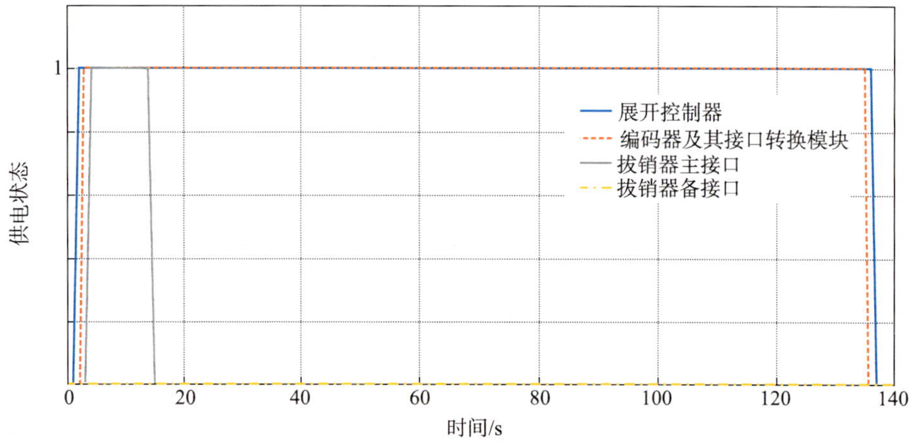

图 6-7　展开机构系统相关设备供电状态遥测曲线（P124）

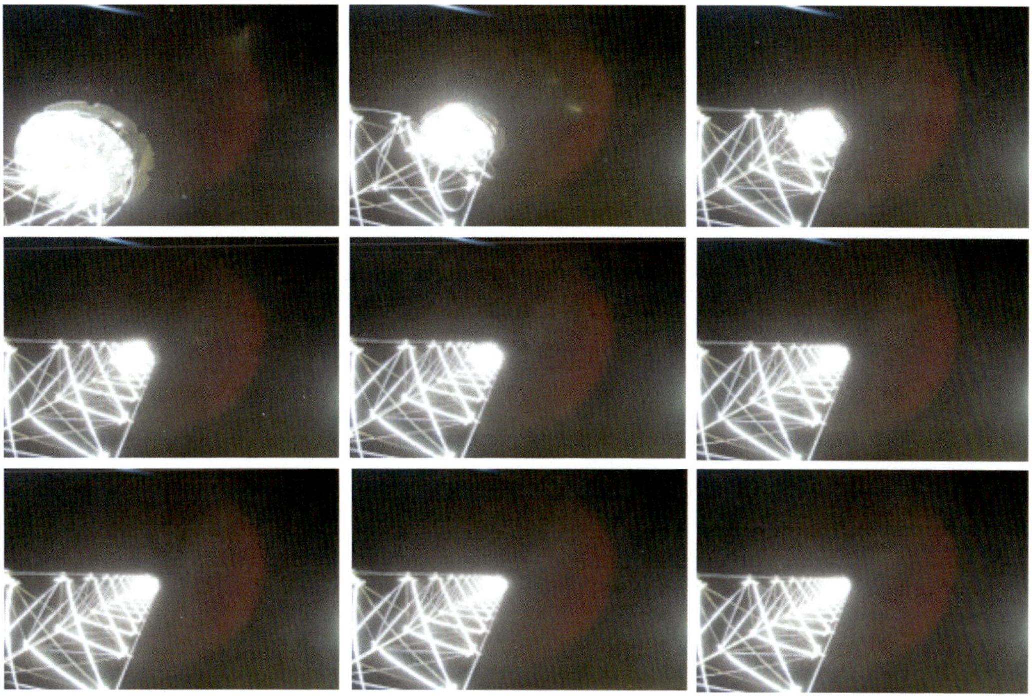

图 6-8　盘绕伸展臂在轨展开过程（空间相机拍摄）（P124）

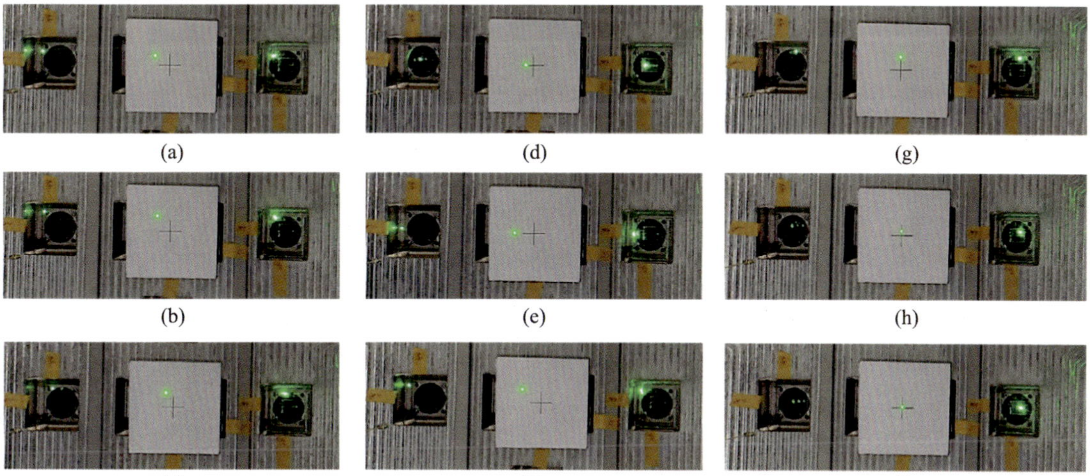

图 6-15　开环控制试验中激光点在焦平面上变化（P130）

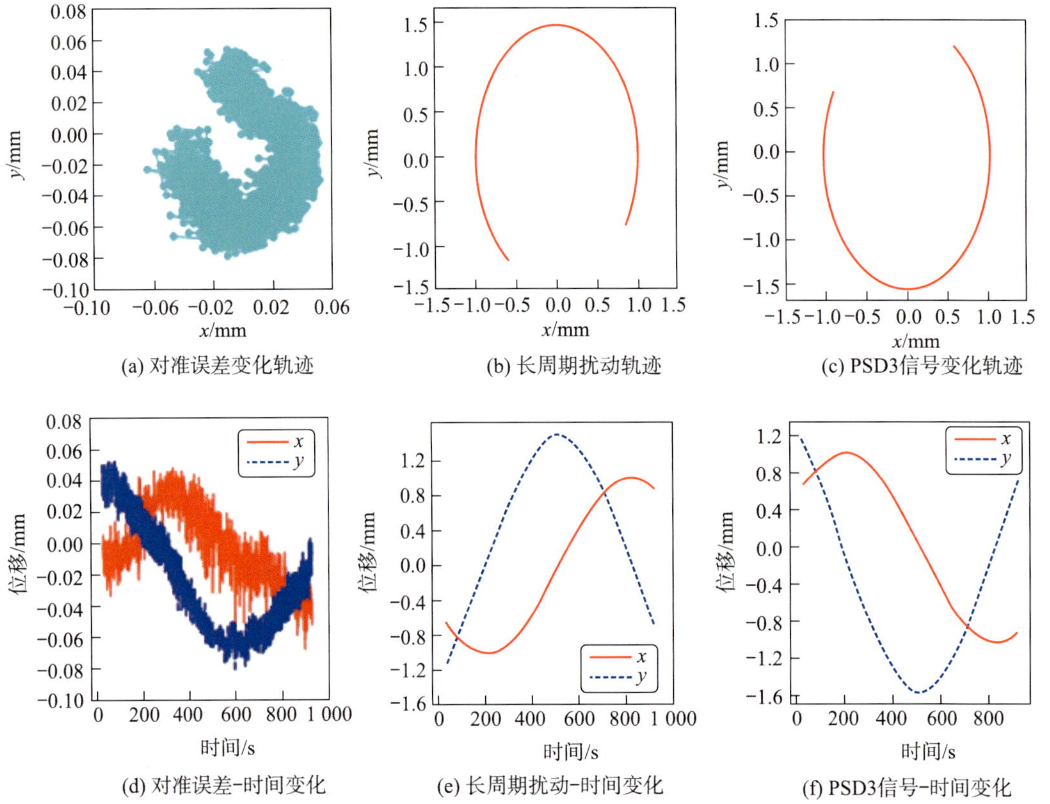

图 6－20　长周期扰动下对准误差控制试验结果（P134）

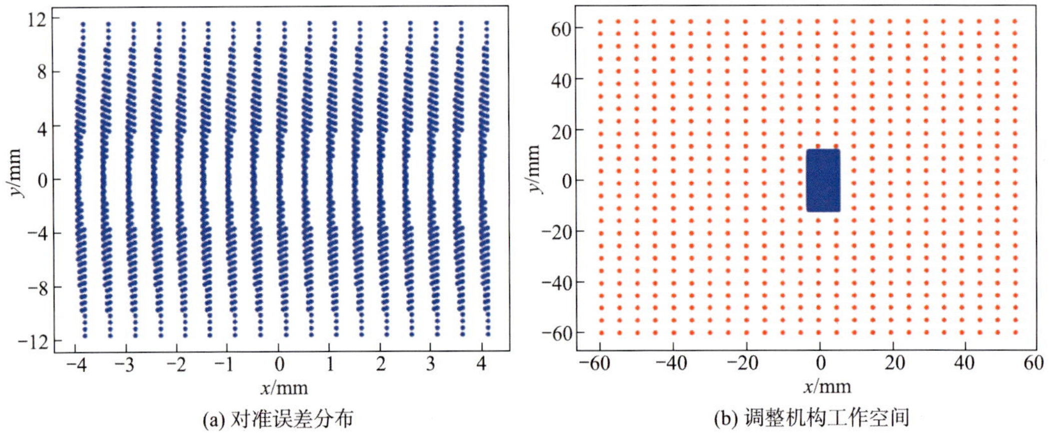

图 6－24　调整机构工作空间（P137）